面白くて眠れなくなる理科

左巻健男

PHP文庫

○本表紙図柄＝ロゼッタ・ストーン（大英博物館蔵）
○本表紙デザイン＋紋章＝上田晃郷

はじめに

ぼくがこの本を書いたのは、特に小学校理科を科学の目で見直してみたいと思ったからです。

理科は面白い！

ズバリ、このことを読者の皆さんにわかってもらいたかったからです。

ぼくは、小学校・中学校・高等学校の理科教育を研究しています。中高の理科教員の経験もあり、小学校理科教育を大学で教えてきた経験もあります。

理科（自然科学）は、自然のふしぎ、ドラマに満ちたこの世界の謎を少しずつ解明し、自然の世界の扉を少しずつ開けていきます。まだまだわからないこともたくさんありますが、わかってきたこともたくさんあります。

ぼくは、こうした自然科学が明らかにした世界を皆さんに示したいと思っています。本書では、題材を特に小学校理科から取っていますが、理科を入り口に、もう一歩深く、高く、学びの奥にはもっと面白い世界があるということを読者の皆さんに伝えたいのです。

本書では、生物では「昆虫、植物、人のからだ」、物理では「てこ、磁石」、化学では「水などの状態変化、燃焼、水溶液」、地学では「方位（東西南北）、月」をメインに紹介していきます。そうしたのは、理科の学習テーマを意識しているからです（なお、一般向けの読みものなので小学校理科とは直接には関係のない話題もいくつかは含まれています）。

例えば「子孫を残す」という点から考えると、植物の場合、「花は生殖器官（種子をつくる器官）であり、しくみ（めしべやおしべ、子房など）である」という知識が重要です。

講演などの場で、

「花は何のために咲くのでしょう」と尋ねると、

「人の心を和(なご)ませるためです」と真顔で答える小学生がいます。

たしかに、美しい花がたくさん咲いている手入れの行き届いた花壇は見ているだけで心が安まるものですが、花が咲くのは「種(たね)や実をつくるため」なのです。

「種や実をつくるため」を前提にすると、
どんな花でも種や実をつけるのだろうか？

さまざまな形や色、匂いの花があるのはどうして？

などの疑問が生じるでしょう。

疑問を持つことが、科学の目でものごとを見る力を育(はぐく)むのです。


このように、シンプルだけれど興味深い科学的現象や「小学校理科」の世界を入り口に、「もう少し考えを深めていくと、こんなにも面白い世界が広がる！」ということを、ぼくは伝えていきたいと思っています。

左巻健男

面白くて眠れなくなる理科

目次

Part 1

読みだしたらとまらない理科のはなし

Part 2

世界はふしぎに満ちている

Part 3

面白くて眠れなくなる理科

本文デザイン&イラスト 宇田川由美子

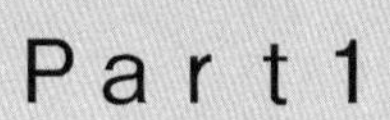

Part 1

読みだしたらとまらない 理科のはなし

オオカミに育てられた少女がいた？

オオカミ少女アマラとカマラ

「オオカミ少女アマラとカマラ」の話をご存じでしょうか。この話は、一九二〇年にインドでシング牧師らによってオオカミの巣から助け出されたという二人の少女のエピソードです。シング牧師は、彼女たちの発見・救出やその後の成長の様子を日記の形で発表し、その日記は一九四二年に出版されました。

日記のはじめの部分には、二人の女の子をオオカミのすむほら穴から捕らえた場面について記されていますが、大部分は、九年間にわたりカマラを人間社会に順応させるための訓練の様子が描かれており、例えば「毎晩三回のほえ声が、とぎれとぎれになるまでに数年かかった」などとあります。

刊行直後、「オオカミが人間を育てたって？　そんなことがあるわけはない」と多くの人々は語りましたが、彼女たちの詳しい成長の描写などにより、次第に真実だと思われるようになりました。

そのため、この話は「人間はオオカミに育てられるとオオカミになってしまう。だから人間による教育が重要である」「人間は白紙の状態で生まれ、すべて人間社会の教育により人間になっていく」といった教育の重要性を訴える事例としてよく使われるようになったのです。

オオカミ少女の話の真偽

ところが、この話を疑った人たちがいます。

シング牧師が亡くなってからのことですが、彼の日記の内容が本当かどうか、学者たちが現地調査をしました。

まずオオカミの巣からの救出については、シング牧師の娘と息子を除いては誰も日記の内容と同じことを語りませんでした。彼の娘と息子は、本になった日記を読んで、それと同じことをいったようです。日記の内容は、当時の新聞記事の内容とも異なっていました。つまり、シング牧師の日記は疑問だらけだったのです。

アマラは、シング牧師の児童養護施設に一年いただけで亡くなったので、彼女のことは調べてもわかりません。

しかし、カマラについては施設仲間からの情報がありました。「ほとんど口を利(き)かず、ほかの子とちっとも遊ばなかったことを除けば、ほかの子と同じようだった」ということです。

シング牧師の日記によれば、カマラは「夜行性で夜に目が光る、生肉しか食べない」といったエピソードが記されています。これでは「ほかの子と同じようだった」とはいえません。

――ということは、どちらかが間違っているのです。

動物学者の小原秀雄さんは「夜行性で夜に目が光る、生肉しか食べない」という特徴は、オオカミについての動物学的に間違ったイメージをもとにしていると述べています。

オオカミは、人間が飼育すると昼間行動するようになりますし、人間の目はそのしくみから、オオカミと暮らしていたからといって夜に光るようにはならないのです。また、果物（ナシ）を食べて飢えをしのいだオオカミもいるので、生肉しか食べないということもありません。

調査によると、シング牧師は、以前からオオカミに育てられた子どもについての話を聞いたり、本を持っていたようです。それらから、もっともらしく話をつくったと推定されます。

さらに、小原さんは「オオカミの乳では人間の子は育たない。乳の成分はその動物の種類によって違っていて、オオカミとヒトでは成分に差がありすぎる」「オオカミの子の成育は早く、半年くらいで大人のオオカミになるが、人間の赤ちゃんはそれと同じ早さでは育たないので、一緒に行動できるようにならない」とオオカミが人間の赤ちゃんを育てられない理由を挙げています。

それでは、どうしてシング牧師はつくり話をしてしまったのでしょうか?

調査グループの報告書によれば、この話は「シング牧師の宣教師としての評価を高めたし、おそらくいくばくかの金銭的報酬をもたらしたと思われる」と述べられています。

社会学的調査や動物学の観点から「オオカミ少女の話」は「つくり話」であることが明らかとなりましたが、今もどこかで真実であるかのように語られているのかもしれません。

昆虫の条件

生物の中で最も種類が多いのは？

地球上の生物の種類はどのくらいあるのでしょうか？　生物の種類は、これまで発見・分類されて記録された数だけでも百数十万種に上り、そのうち動物は一〇〇万種弱で、残りが植物や菌類、藻類などです。まだ知られていない生物はその何倍かあると考えられています。

動物の中で最も種類が多いのは昆虫の仲間で、動物の約四分の三を占めていると考えられています。

それでは、昆虫とはどんな動物でしょうか。私たちが昆虫とよんでいる生物は、例えばバッタ、アゲハチョウ、カブトムシなど数多くの種類があります。昆虫たちのからだを見ると、種類によって色や形、大きさなどがずいぶん違っていますが、「昆虫」という一つのグループですから、共通しているところもあるのです。

◆バッタのからだ

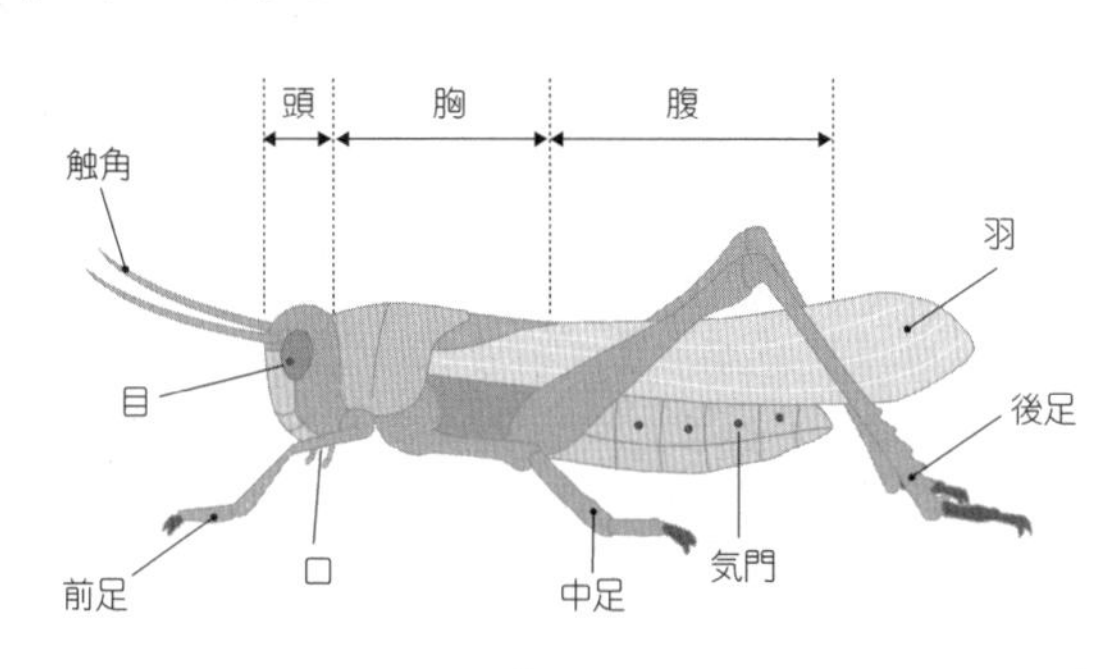

共通している特徴は、バッタもアゲハチョウもカブトムシも、皆からだが頭と胸と腹の三つに分かれていること。胸から六本の足と四枚の羽が生えていることです。

実は、昔の科学者たちが生物の仲間分けの研究をしたとき「からだが頭と胸と腹の三つに分かれていて、胸から六本の足と四枚の羽が生えている生物」を「昆虫」としたのです。昆虫の足は、前から順に前足、中足、後足となります。

四枚の羽が見られない昆虫

昆虫は、地球上ではじめて羽を持った生物です。羽を持ち、空を飛ぶことで、生活の場所が広がり、敵から逃げやすくなったのは、昆虫が繁栄している理由の一つでしょう。

アリは昆虫ですが、せっせと動き回っている「働きアリ」は、からだが頭と胸と腹の三つに分かれていて胸から六本の足が出ていますが、どこを探しても羽がありません。

昆虫の中には、ハエやカ、アブのように長い長い年月のうちに羽が二枚になってしまったものがいます。よく見ると、羽の後ろに小さな羽のようなものがついています。つまり、退化してしまったのです。

アリのように使わなくなった羽がどんどん小さくなって、ついには羽がなくなってしまった種類もいます。

アリは、交尾期のメスとオスには四枚の羽があり、空中に飛び立って交尾します。交尾後に地上に降りると、メスの羽は自然に抜け落ちてしまいます。

「四足チョウ」の秘密

昆虫の前足、中足、後足には、それぞれの働きがあります。歩くとき、前足は前へ進むため、中足はからだを支えるため、後足はからだを押しだすための働きをしています。

◆ タテハチョウ

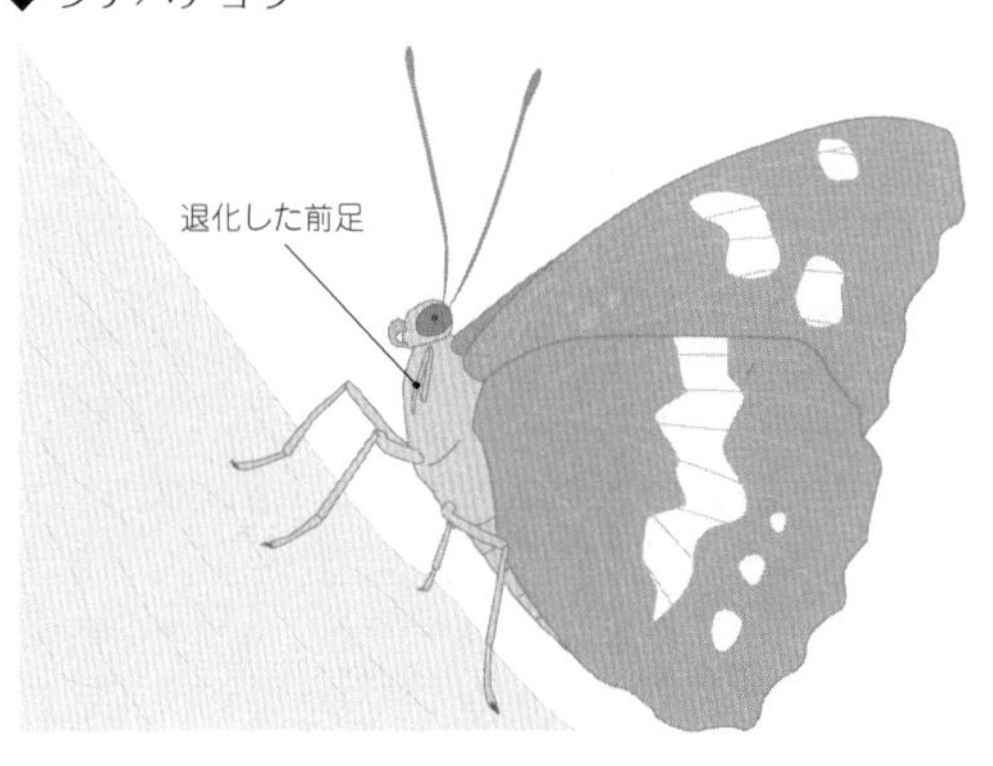

歩く以外にも、足にはさまざまな役目があります。

トンボの足にはとげがついており、エサにするための昆虫を捕まえやすくなっています。ミツバチの前足は、小さな毛がたくさん生えていて、花粉がつきやすくなっています。また、バッタの後足はよく跳ねるように筋肉が発達しています。

それでは、昆虫は本当に全部六本足なのでしょうか？　そもそも昆虫は「六本足であること」が必須の条件ですから、「六本足以外の昆虫」は存在しないはずです。

昆虫の中で、カブトムシの仲間である甲虫の次に種類が多いのが、チョウやガの仲間です。日本にいるチョウで、モンシロチョウ、アゲハチョウなどのよく見かける種類のチョウは足が六本です。

ただし、チョウの中には、四本足にしか見えないものがいます。そのうちの一つがタテハチョウです。

タテハチョウは「四足チョウ」という名もあるくらいです。しかし、タテハチョウを捕まえてつまようじなどで探ってみると、とても小さな前足があることがわかります。前足は退化しており、着地や歩行には使っていないのです。しかし、前足に味覚器があり、エサを前足でたたいて味を見るのに使っているようです。つまり、実は「六本足」であるということです。

日本にいるチョウでは、マダラチョウ科、タテハチョウ科、ジャノメチョウ科、テングチョウ科の四つのグループ（科）に属するチョウは前足が退化しています（なお、テングチョウのメスは六本足です）。

六本の足と
四枚の羽が
昆虫の条件だね

ゴキブリに洗剤液をかけると死ぬのはなぜ？

洗剤は毒性が高い⁉

「洗剤は毒性が高い。ゴキブリに洗剤液をかけるとすぐ死ぬのがその証拠」という話を聞いたことがありませんか？

実際、ゴキブリに洗剤液をかけると死にます。合成洗剤や石けん液でも死にます。その理由は、ゴキブリのからだのしくみを知ることで明らかになります。

昆虫は、からだが外骨格とよばれる丈夫な皮膜で覆われています。その表面はろうや油を分泌しており、水分の蒸発を防ぎ、乾燥に耐えます。また、この皮膜がからだを支えて内臓を保護し、その内側に足や羽を動かす筋肉がついていて、大変すばやい運動を可能にしています。

ゴキブリは昆虫の仲間です。ゴキブリも丈夫な皮膜で覆われ、表面に油を分泌して（にじみ出させて）います。

さて、ゴキブリも空気中の酸素を取り入れることで呼吸しています。私たち人間は、鼻や口から取り入れた空気を肺に送り込み、肺で血液に酸素を供給していますが、昆虫には肺のような器官がありません。

そこで、おなかに空気を取り入れる穴（気門）を開けているのです。気門は、空気を体内に取り入れるための入り口です。おなかを伸び縮みさせて、気門から空気を取り入れたり、出したりしているのです。気門から取り入れた空気は、からだ全体に木の枝のように広がっている気管というパイプから直接血液に入ります。

もし気門が何らかの原因でふさがってしまうとゴキブリは呼吸ができなくなり、窒息死します。しかし、水をかけたくらいでは気門付近ににじみ出ている油にはじかれて、気門をふさぐことはできません。

ところが、洗剤液や石けん液には界面活性という働きがあり、油と水の両方になじむので気門をふさぎやすいのです。この効果はとても高く、それでゴキブリが死ぬので、「洗剤は高い毒性を持っている」と誤解されたのですね。

◆ ゴキブリ

身近なゴキブリで最も個体数が多いのは、チャバネゴキブリ。

鏡は何でできている？

昔の鏡と今の鏡

ガラスでできている鏡。しかし、よく考えてみると、鏡がガラスだけでできていたら、向こう側が透けて見えてしまって、私たちの姿はぼんやりとしか映らないはずです。

それでは、鏡にはガラス以外に何が使われているのでしょうか？

鏡の表側はすべすべしたガラスですから、裏側から鏡がどうなっているかを調べてみました。紙ヤスリで鏡の裏側を丁寧にこすり取っていくと、銀色の薄い膜が現れてきます。その銀色の膜をこすると、その部分は素通しのガラスになってしまいます。

つまり、鏡の主役はガラスではないのです。

ガラスには、薄く銀色の膜がくっつけてあり、それが鏡の役目をしているので

◆ 昔の鏡（青銅鏡）

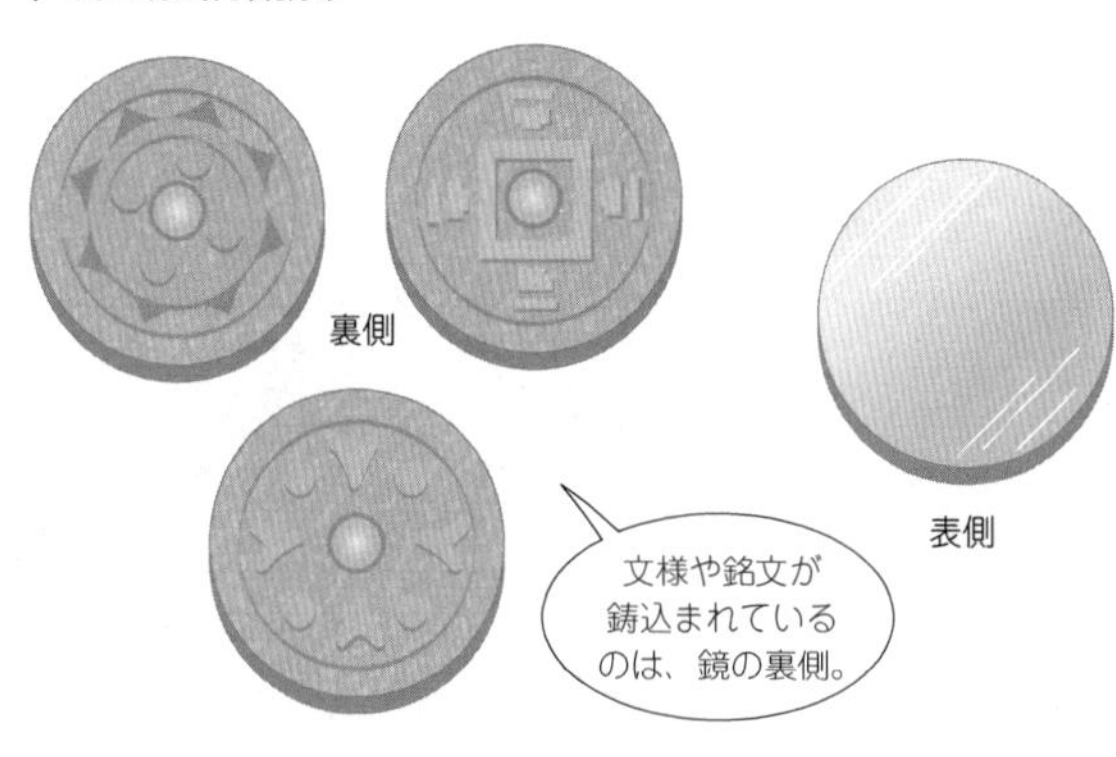

す。この銀色の膜は銀などです。銀は金属の仲間で、金属は光を反射してぴかぴか光る性質があります。

昔は、現在のように平らですべすべのガラスをつくるのは大変でした。そこで、金属をそのまま鏡として使っていました。現在のように、高い温度にして金属を融かすことは技術的に困難だったので、低い温度で融ける金属を使いました。それが青銅という金属です。スズを融かしてそこに銅を入れると、二つの金属が混じり合って青銅ができるのです。これを平らに磨いてすべすべにすると鏡（青銅鏡）になります。

紀元前四千年から二千年にかけて、エジプトや中国で青銅鏡が使われていました。

青銅は銀よりもずっとさびやすく、空気中に出しておくと、表面がすぐに曇ったりするので、ときどき磨く必要がありました。

博物館に行くと青銅鏡が展示されています。表面にさまざまな模様があってでこぼこしているので「こんなもので鏡になったのかなあ」と思うかもしれません。実は、それは鏡の裏側なのです。文様などから、どの時代にどこでつくられたものかがわかるので、博物館では裏側を見せるようにしています。さびていなければ、表側はつるつるの鏡です。

現在の鏡は、十九世紀の中頃に発明されたものです。さびにくく、しかし値段は高い銀を少しだけガラスにくっつけて、さらにその銀の膜に銅メッキをした後、塗料で保護しています。そのため傷つきにくく、磨く必要のない優れた鏡になっています。

鏡の歴史は
理科の歴史
でもある

ドライアイスの正体

ドライアイスは液体になるか？

夏にケーキを買うと、ケーキの箱にドライアイスを入れてくれますね。ケーキやアイスクリームなどを冷やすのに使うドライアイス。とても冷たい白色の固体で、およそマイナス七九℃です。

ドライアイスのかけらは、空気中に置くとどんどん小さくなっていきます。ドライアイスのかけらをコップのような容れものに入れて、しばらくしてから、その中に火がついたろうそくを入れてみましょう。

そうすると、ろうそくの火は消えてしまいます。コップの気体を石灰水（水酸化カルシウムの水溶液）が入った容器に注いでから振ると、石灰水が白くにごります。ドライアイスは気体になり、その気体は二酸化炭素です。その二酸化炭素が石灰水に溶けて、化学変化が起こったのです。

◆ドライアイスと水を入れた水槽にシャボン玉を吹くと……

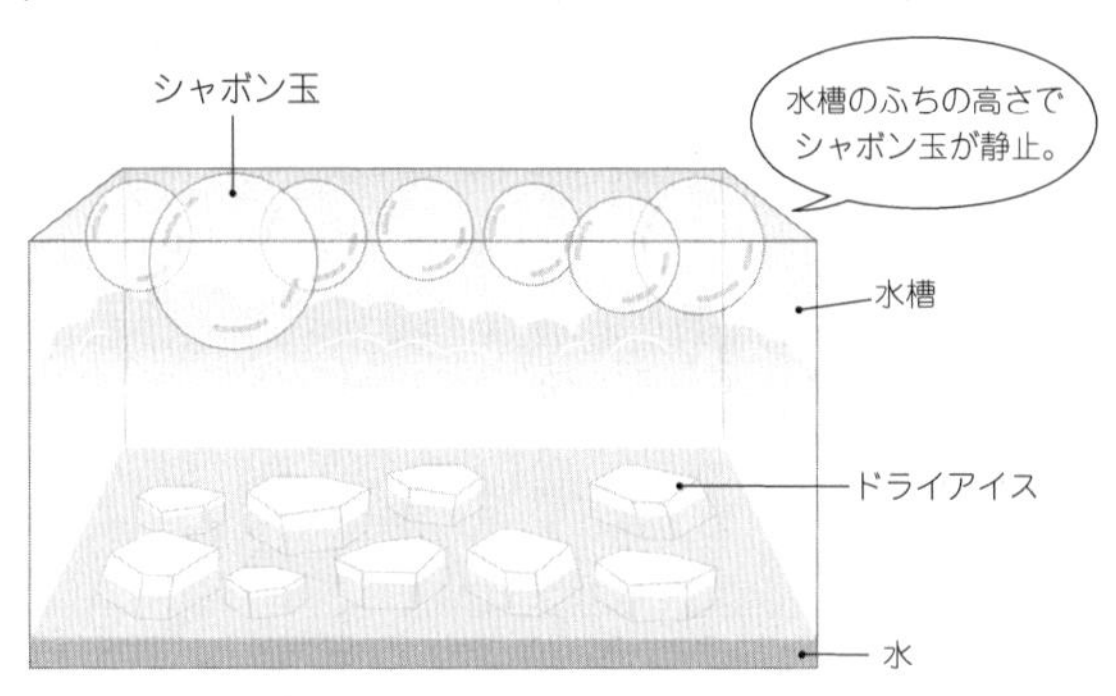

たくさんのドライアイスがあったら、水を入れた水槽のような容器にドライアイスを入れて、そこにシャボン玉を吹いてみましょう。すると、シャボン玉は水槽のふちの高さで勢揃いするように浮かんだまま静止します。空気より二酸化炭素のほうがずっと重い気体なので、空気の入ったシャボン玉は下に落ちないのです。

つまり、ドライアイスは、固体の二酸化炭素なのです。普通、ものは固体を温めると液体になり、さらに温めると気体になります。逆に気体を冷やすと液体に、さらに冷やすと固体になります。

しかし、二酸化炭素は「固体から気体」になります。氷（英語でアイス）は液体の水から気体になりますが、ドライアイスは液体を経ないので、ドライアイス（「乾いた氷」という意味）という名前がつけられました。ドライアイスは水からできた氷よりもずっと冷たく、素手で触ると凍傷になります。

それでは、ドライアイスは水のように液体にはならないのでしょうか？

実は、圧力をかけると二酸化炭素は液体になるのです。五・二気圧以上の高い圧力にすると、二酸化炭素は無色透明の液体になります。ボンベに閉じ込めて圧力がかかった状態にして液体にしたものを「液化炭酸ガス」といいます。液化炭酸ガスは、炭酸飲料や冷凍食品をつくるときに活躍しています。

私たちが生活している範囲の圧力は一気圧ですが、一気圧では液体になれず、固体から気体になってしまうのです。

「もくもく」のつくり方

テレビや結婚式でもくもくと煙があがる中、人が登場する場面を見たことはありませんか。あの「もくもく」はドライアイスを水に入れて、風を送っているのです。

「もくもく」の正体は、霧のような細かい水の粒です。水の中から冷たい気体の二酸化炭素がぶくぶく出てくるときに、細かい水の粒ができるのです。

別の方法でも「もくもく」をつくれます。液化炭酸ガスのボンベから二酸化炭素を噴き出させると、ふわふわしたドライアイスのかけらがたくさんできます。それと油を一緒にして噴霧して「もくもく」をつくる方法です（なお、ドライアイスを用いないで、油で「もくもく」をつくる方法もあります）。

ドライアイスが気体の二酸化炭素になるとき、体積は大変に大きくなります。決して瓶にドライアイスを入れてふたをするようなことはしないでください。瓶が破裂して大けがをします。

ドライアイスのつくり方

世界ではじめてドライアイスの大量生産に成功したのは一九二五年。成功させたのは、アメリカのドライアイス・コーポレーションという会社です。「ドライアイス（乾いた氷）」という名前もその会社がつけました。そのときの商品名が、今でも固体の二酸化炭素のよび名に使われています。日本ではアメリカから設備を買って一九二八年からつくり始めています。

ドライアイスがあると、とても低い温度を保つことができるので、大量生産された当時、新発売のアイスクリームを融かさずに運ぶのに使われました。

ドライアイスのつくり方は、その頃から現在まで基本的に変わっていません。変わったのは二酸化炭素をどこから取るかです。昔はコークスという石炭を蒸し焼きにしてつくった炭素の塊を燃やしてつくりました。現在は石油や石炭を燃やしたときにできるエネルギーを利用している工場や火力発電所でできる二酸化炭素など、普通なら外に捨ててしまうものを原料にしています。原料の気体にはさまざまな不純物が含まれていますから、それらを取り除いてほぼ二酸化炭素だけにします。

気体を十分に圧縮しておいて細い穴から激しく噴き出させると、急激に膨張した気体は温度が大きく下がるので、これをくり返すと、二酸化炭素はついには液体になります。

液体の二酸化炭素を、ドライアイスを押し縮めるドライアイスプレスという機械の中に噴出させます。そうすると、雪のような粉末状態になったドライアイスがたまります。ここに数パーセントの水を加えて、ドライアイスプレスでギューッと押さえつけて、ぎっしりしたドライアイスにするのです。

不純物も少し含まれますが、それらは製造の各段階で取り除かれるので、ドライアイスは（固めるときに使われた水以外は）非常に純粋な二酸化炭素の固体です。

ただし、ドライアイスは食品としてはつくられていません。容器の中のものをまわりからドライアイスで冷やすのはよいのですが、食べるものにドライアイスを加えるのはやめましょう。

私たちが吐いた息の成分

空気中の酸素の量

私たちは、いつも休みなく呼吸しています。産声をあげ、この世に生をうけてから死に至るまで、片時も休みなく呼吸しています。寝ていても呼吸は続けています。そうして、空気中の酸素をからだの中に取り入れています。からだの中で酸素と栄養分が一緒になることで、生きるためのエネルギーを生み出して生命を維持しているのです。

もし呼吸が止まったらどうなるでしょうか。呼吸が止まってもはじめは心臓はかすかに動いています。しかし、数分で心臓が止まります。心臓停止から五分程度で脳死になりますので、生命はよみがえりません。

空気中にはさまざまな気体が含まれています。水蒸気がない乾いた空気（乾燥空気）では酸素が約二一パーセント、後は窒素が約七八パーセントで、この二つだけ

◆肺のしくみ

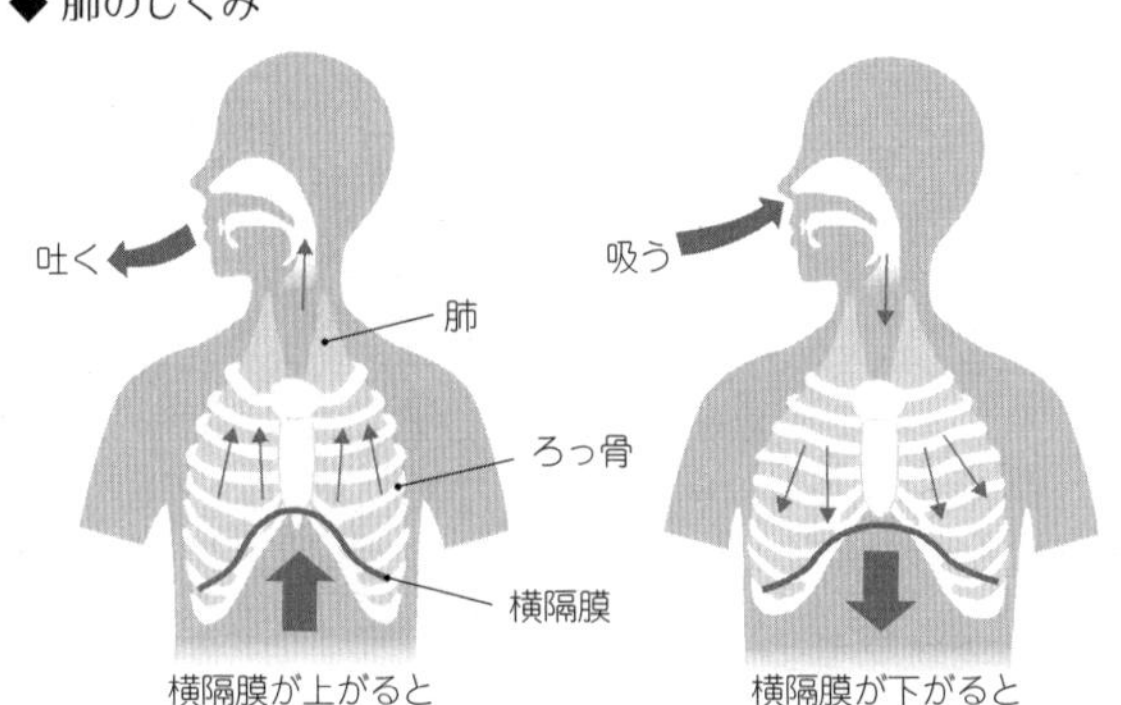

でほとんどを占めています。

残りはアルゴンなどで約一パーセントです。二酸化炭素は〇・〇四パーセントとほとんど無視していいほどです。三番目に多く含まれているアルゴンは、電球や蛍光灯に入れて利用されています。

そんな大切な酸素ですから、空気を吸い込んだら、その中の酸素はほぼ使い切ってしまうのでしょうか。吸い込んだ空気のうち、酸素は二一パーセント。読者の皆さんは、このうちどのくらいを使ってしまうと思いますか？

私たちが吐く息（呼気）の中には、もう酸素は残っていないのでしょうか？

一回の呼吸で五〇〇ミリリットルの空気を

◆ 呼気と吸気の比較

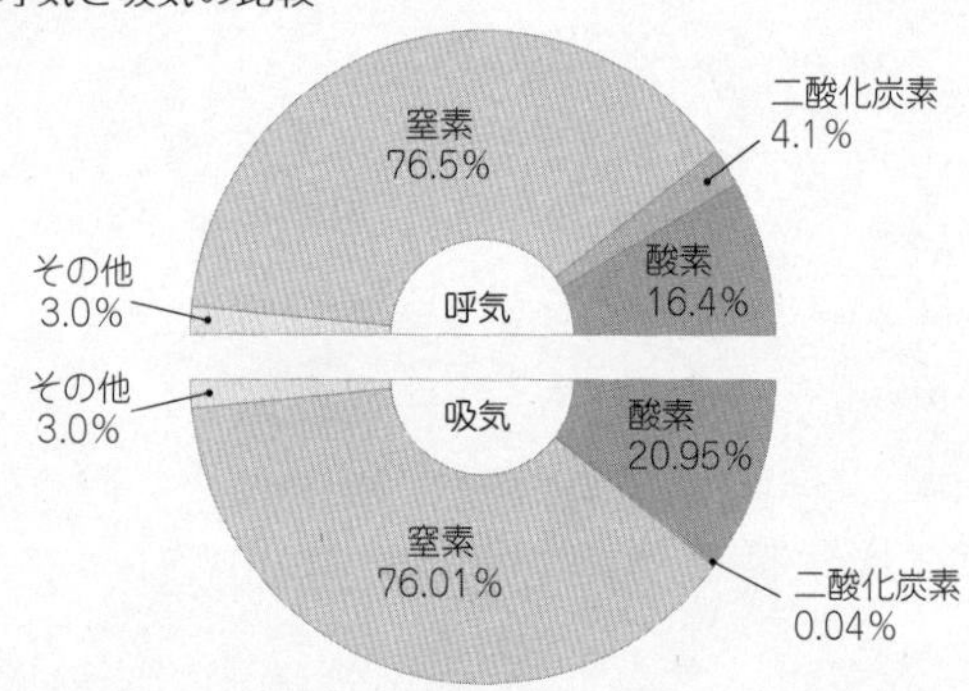

※水蒸気が含まれて変動するため､乾燥空気､吸気､呼気の窒素の割合はずれる。

吸い込むとします。このとき吸い込む空気には約二一パーセント――つまり一〇五ミリリットルほどの酸素があります。

それでは、吐いた空気はどうなっているでしょうか？

実は呼気に含まれる酸素の量は約一六～一七パーセントです。つまり、二五ミリリットルほどの酸素しか使っておらず、残りの八〇ミリリットルは残っているのです。

ですから、呼吸が止まった人には人工呼吸で呼気を吹き込めば、酸素を補給することができるというわけです。人工呼吸は呼吸停止後早ければ早いほど、蘇生する割合が高くなります。

私たちの脳は多くの酸素を使います。脳

が酸素のない状態で生きられる時間は、わずか三〜四分といわれています。

また、火をおこすとき呼気を吹きかけますが、燃えるのを盛んにするくらいの酸素がまだ呼気には含まれているのです。

呼気で増えているのは二酸化炭素です。〇・〇四パーセントから四パーセント余りになっています。窒素ははじめと変わらないのですが、水蒸気などの影響で若干のずれが出ます。

つまり、呼気には多い順に窒素、酸素、二酸化炭素が含まれているということです。

魚は一度に何個の卵を産む？

「タラコ」の卵の数を数えると……

植物は、花を咲かせて実（種）をつくりますが、動物は卵か子を産んで子孫を残しています。多くは卵を産みますが、哺乳類などごく一部の動物は子を産みます。しかし、それも元来は卵です。卵を親の体内でかえして、大きくしているのです。

多くの魚は、卵を産みっぱなしです。卵は水中を漂いながら、親からもらった栄養分（お弁当）を使って発育していきます。卵からかえった直後はお弁当の残りがありますが、それを使い切ると自分でエサを捕って生きていかなければなりません。

大人になれば強い魚でも、卵や子魚のときにはか弱い存在で、ほかの動物のエサになってしまったり、エサが捕れなくて飢え死にしたりしてしまいます。そのため、卵を産みっぱなしの魚は、たくさんの卵を産むのです。

例えばタラコは文字通り「タラの子」で、スケソウダラの卵の集まり（卵巣）です。一腹分（袋二つ）のタラコの数を数えれば、スケソウダラのメス一匹が産む卵の数がわかります。

数えるのは、とても大変です。一腹分の卵が一〇〇グラムあったとしましょう。そのうち一グラム（一円玉一枚の重さ）だけを取って数を数えれば、その一〇〇倍が全体の卵の数になります。一グラムでも卵の数は大変多いので、二〇〇〇個あったとすると、一腹の卵の数は二〇万個ということになります。

スケソウダラは卵を約二〇万〜一五〇万個産みますが、あちこちにばらまくように産むので、このうち親の数くらいが成魚になれれば子孫を残せるということです。

もっとたくさん卵を産む魚もいます。例えばマンボウが一度に産む卵の数は約二億八〇〇〇万個です。

マグロとイワシの産卵数

マグロは、もっとも大きいクロマグロで体長三メートル、体重四〇〇キログラム

◆ 産卵数を比較すると……

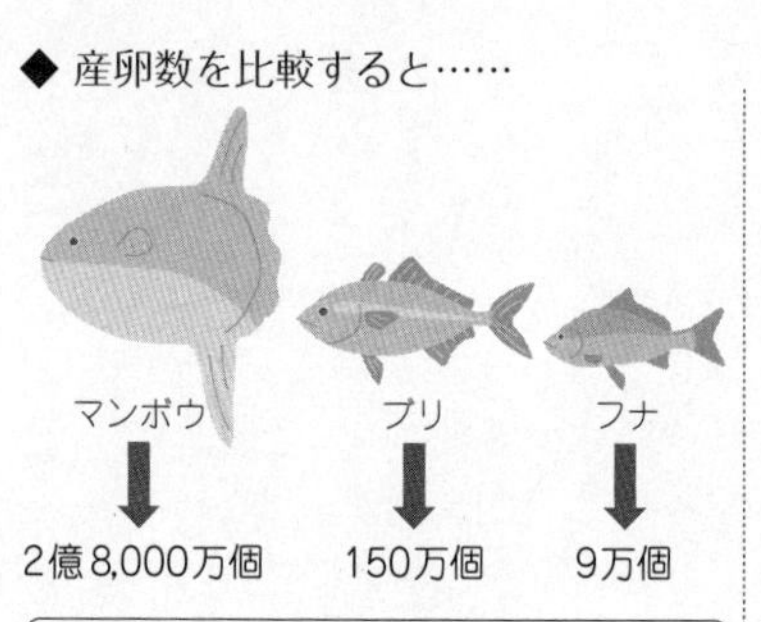

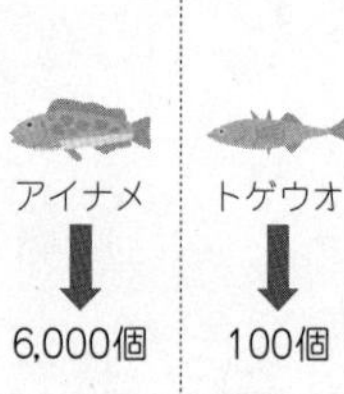

ほどもあり、時速七キロメートルぐらいで泳ぎます。マグロは、海の中で食物連鎖（食う・食われるの関係）の頂点に立つ肉食魚で、イワシやイカなどいろいろな動物を食べます。

マグロは卵を約一〇〇万〜一〇〇〇万個産みますが、食べられる側のイワシは卵を一〇万個くらいしか産みません。これはどうしてなのでしょうか？

マグロは熱帯や亜熱帯の海で卵を産み、卵はぷかぷかと海面に浮いています。海流によっては、水温や塩分の濃度が合わなくて死ぬ場合もありますし、エサになるプランクトンが少なくて飢え死にすることもあります。

そして、共食いをしたり、大きな魚などに食べられたりします。マグロのように強い魚でも、大半が子どもの頃に死んでしまうのです。卵や子どもの時

◆トゲウオ

代は、マグロもイワシも同じように弱い魚なのです。

イワシは早く成魚になり、どんどん仲間を増やしますが、マグロは成魚になるまでに時間がかかります。イワシのような小型魚の増える速さは、マグロのような大型肉食魚の一〇倍です。ですから、食べられる側のイワシが、食べる側のマグロより卵が少なくても絶滅しないですむわけです。

なお、淡水魚の中には、卵と子どもの世話をする魚がいます。例えばトゲウオは、オスが巣をつくり、メスに産卵させたら巣に新鮮な水を送り込み、子魚の世話をしています。

親に守られて育つトゲウオは無事に育つ確率が高いため、その産卵数は少なく、一〇〇個くらいです。

ライオンとシマウマ——子を産む数が多いのは？

ライオンは本当に百獣の王？

アフリカのサバンナには、ライオンやシマウマなどが生息しています。

ライオンは、ネコ科の中でトラと並ぶ大きな動物です。成長すると、オスは体長二・七メートル、体重二〇〇キログラム前後になります。メスはこれより少し小さいです。

ライオンは、優れた力や運動能力を持っています。体重三〇〇キログラム近い大きなシマウマでもしとめることができます。ライオンの走る速さは、時速六〇キロメートルほど（八〇キロメートルという学者もいます）。ただし、この速さでライオンが走れるのはおよそ二〇〇メートルくらいなので、短距離ランナーです。また、ライオンは二メートル以上ジャンプすることができます。

◆ シマウマの親子、ライオンの親子

さて、ライオンとシマウマでは、一度に産む子どもの数は、どちらが多いでしょうか？

テレビなどで、シマウマの親子やライオンの親子の映像を見たことがある人も多いかもしれません。シマウマの子は一頭で、ライオンには何頭もの子がいたのではないでしょうか。

実際に、シマウマはたいてい一頭の子を産み、ライオンは一〜六頭（主に二、三頭）の子を産みます。

サバンナの食物連鎖の頂点にいるライオンのほうが出産数が多いのは、何かおかしな感じがしませんか？

ライオンは力の強い動物ですが、それは成長した大人のライオンの話です。子どものうちは無力な動物であり、ハイエナなどのほかの肉食獣に食べられたりします。また、経験不足の若いライオンには、優れた疾走力やジャンプ力を持っているシマウマやレイヨウなどの草食動物は、なかなか手に負えません。成長した大人のライオンでも、これらの草食動物をしとめるのは簡単ではないので、獲物が捕れずに飢え死にしてしまうものも多いのです。

さまざまな失敗をくり返しながら狩りのやり方を学び、成長した大人のライオンでも、ときには一週間近くもエサにありつけないことがあるのです。百獣の王ライオンは、いつも死と隣り合わせで生きているのです。

それに比べて、シマウマは産まれてすぐに立ち上がって親の後をついていきます。草食動物は肉食動物より妊娠期間が長く、敵から襲われても逃げることができる状態になるまで、メスの体内でしっかりと成長してから誕生するのです。

ライオンなどの肉食獣に食べられてしまうのは、からだが弱った個体です。生き残ったシマウマは元気なものが多く、集団としても適正な数になります。しかもシマウマのエサは、逃げていかない草です。いつも腹を減らし、なかなかエサにありつけずに若いうちに死んでしまうライオンよりも、子どもの生存率が高いのです。

動物園のライオンは寝てばかりだが、自然界では？

私たちが動物園でライオンを見ていると、寝ていることが多いものです。自然界ではどうなのでしょうか？

自然界でも、ライオンは一日二十時間も寝て過ごすことがあるそうです。

獲物を狩るときには非常な集中力が必要です。からだと心を爆発的に使うのです。そのうえ、獲物を見つけるまで歩き回ります。夕暮れから次の日の昼まで歩いても、食べられないことがあるのです。こうしたエネルギーを考えれば、それ以外のときは休んでいるのが当然でしょう。

ライオンは、個体としては強い動物です。しかし、種全体としてはそれほど強くないので、現在は非常に数が少なくなってきています。

直径〇・一ミリメートルの受精卵

私たちの本当の誕生日

私たちの「誕生日」は、お母さんのおなかからオギャアと生まれた日になっています。でも、私たちは「誕生日」までの約二百七十日を、すでにお母さんのおなかの中で過ごしてきています。

ですから、「本当の誕生日」は、オギャアと生まれた日のおよそ二百七十日前だといえるでしょう。

生まれた日のおよそ二百七十日前、私たちは直径約〇・一ミリメートルの受精卵でした。たった一個の細胞です。受精卵は、女性の卵と男性の精子とが合体することによってできあがります。

卵は普通、月に一度、女性の卵巣から飛びだしてきますが、飛びだしてから二十四時間以内に精子と出合わなければ死んでしまいます。一方、精子は一度に一億個

◆ヒトのはじまりは、たった1個の細胞から

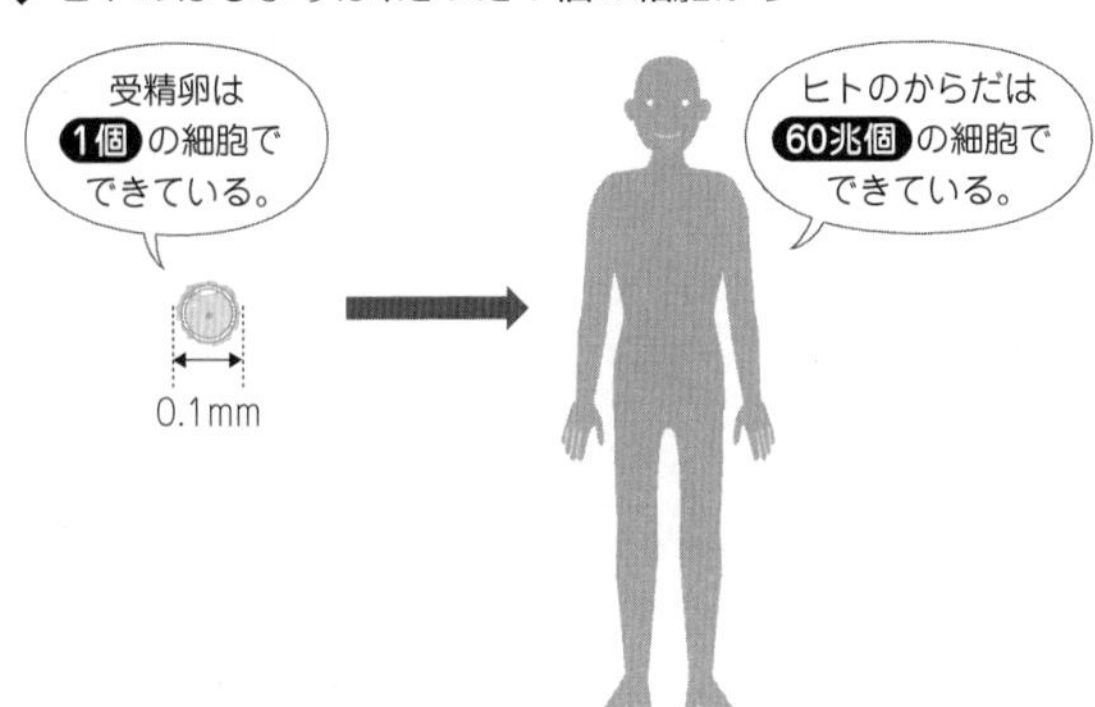

以上が男性の精巣から飛びだしてくるのですが、卵の近くまで到達できるものは約一〇〇個。また、卵と合体できるのは、そのうちのたった一個にすぎません。

受精後一カ月と妊娠一カ月

受精後一カ月というのは、単純に受精してから一カ月という意味ですが、妊娠一カ月というのは単純ではありません。受精した日を確実に知るのは困難だからです。そこでまず、最終生理開始日を〇週〇日と数えます。その日からおよそ二週間後あたりに排卵が起こるわけです。

〇週〇日〜三週目の六日まで→妊娠一カ月

（この期間の中頃に受精）

四週〇日〜七週目の六日まで↓妊娠二カ月
八週〇日〜十一週目の六日まで↓妊娠三カ月
十二週〇日〜十五週目の六日まで↓妊娠四カ月
…
三十六週〇日〜三十九週目の六日まで↓妊娠十カ月

となります。

ですから、妊娠一カ月というと受精後二週間くらいの計算になります。

受精卵から胎芽へ

このようにして生じた受精卵は、できてから二十四時間くらい経つと分裂を始めます。この現象を卵割（らんかつ）とよびます。はじめは一つの細胞だったものが二個になり、二個が四個、四個が八個という具合に増えていくのです。

このとき、分裂してできた細胞同士は離れ離れにはならず、互いにくっつき合ったままです。

受精後四日半で、細胞数は一〇〇個を超えます。こうなると、もう受精卵とはよ

◆ 受精卵から胎芽へ

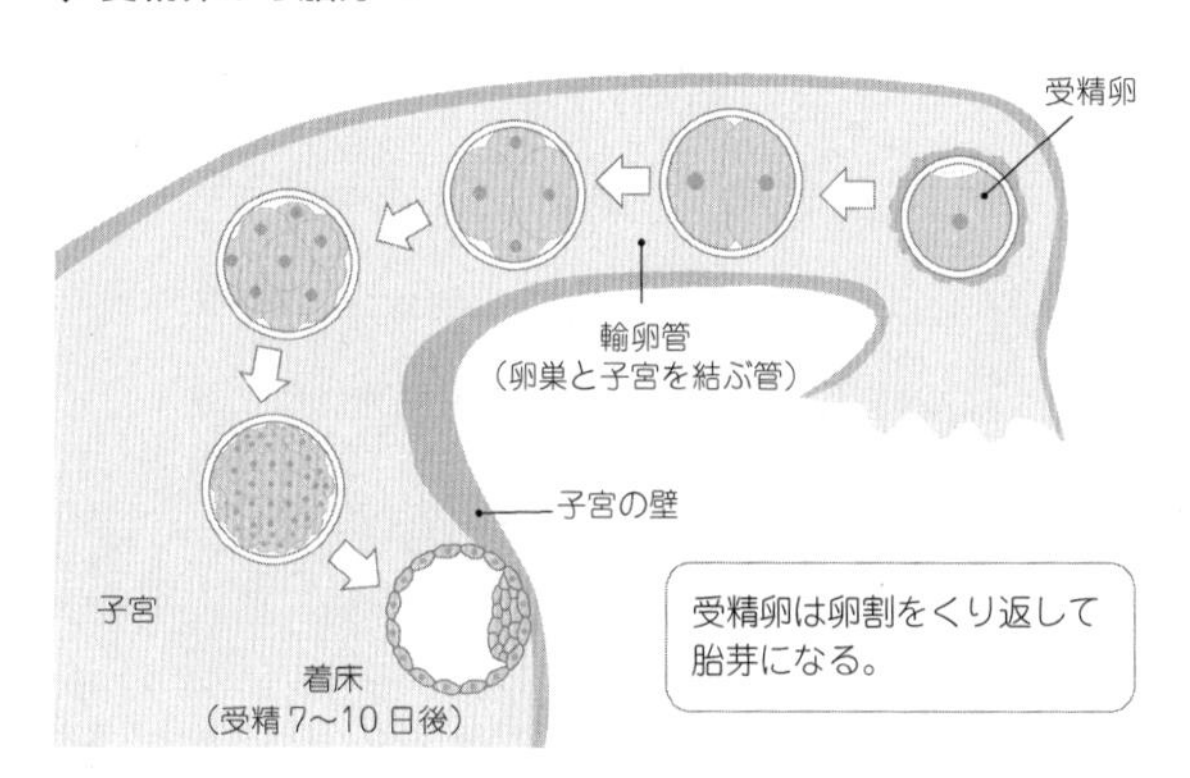

ばず「胎芽（たいが）」とよびます。たった一つの細胞だった受精卵が卵割をくり返して、一〇〇個を超える細胞の集まり（胎芽）になるわけです。

さらに受精後七日以降になって、やっとお母さんの子宮の壁にくっつくことになります。それまでは根無し草の状態であり、自分の細胞内の栄養分を使って生きていたわけです。以降は、お母さんのからだから胎盤を通して十分な栄養と酸素をもらうことができます。

細胞の分化

胎芽を構成している数多くの細胞は、やがて性質の異なる細胞に分かれていきます。あ

◆妊娠初期の胎芽及び胎児の姿

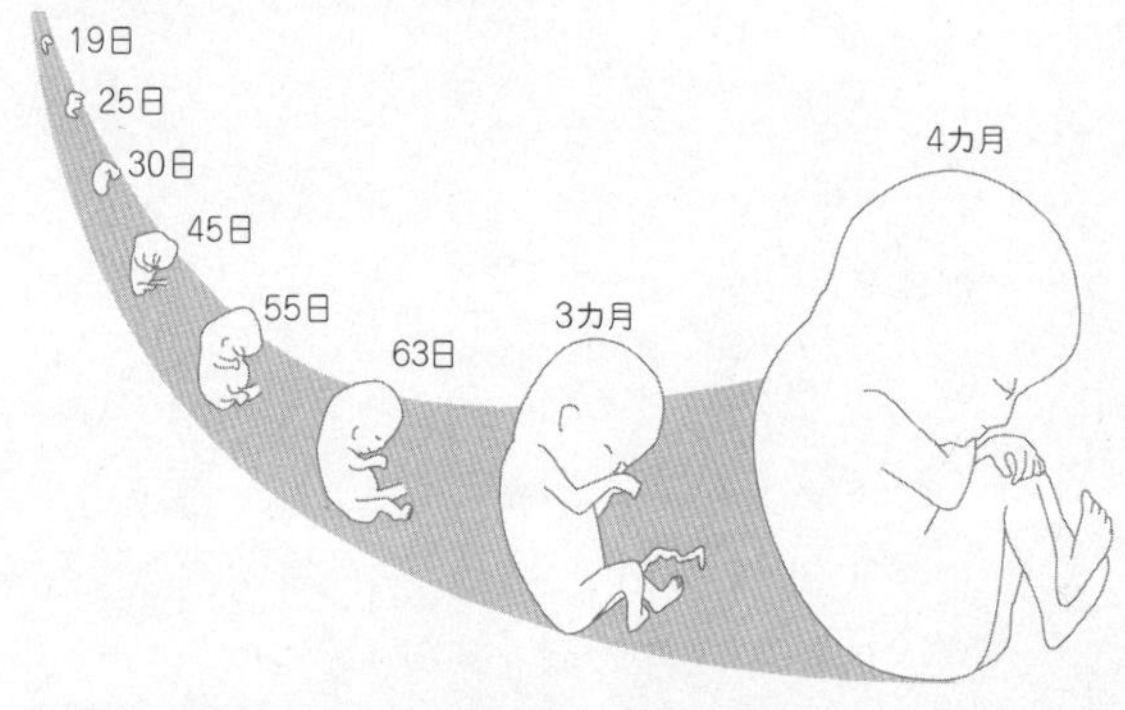

る細胞は皮膚のもとになる細胞へ、またある細胞は骨のもとになる細胞へ、ある細胞は筋肉のもとになる細胞へと分裂をくり返しながら変化していくのです。

このように性質の異なる細胞へ分かれていくことを、細胞の「分化（ぶんか）」とよびます。

もし、この「分化」が起こらなければ、私たちのからだはただの肉の塊になっていたのです。背骨もなければ手足もなく、まして顔や髪の毛もありません。ですから「分化」はとても重要な現象だといえるでしょう。

風疹と胎児

風疹ウイルスに免疫のない女性が妊娠初期に風疹にかかると、このウイルスが胎児に感染して、出生児に「先天性風疹症候群」と総称される障害を引き起こすことがあります。先天性風疹症候群には心臓病・白内障・難聴・網膜症、そして精神やからだの発達の遅れなどが含まれます。

なぜ、妊娠初期は胎児への影響が大きいのでしょうか？　それは胎児のからだの基礎が妊娠初期につくられてしまうからです。心臓も脳も目も耳も手足も、その基礎は受精後十週目までにできてしまうのです。

一九六四年初冬から一九六五年初夏にかけて沖縄地方で風疹が大流行しました。このとき四〇〇人以上の赤ちゃんに心臓病や白内障などの障害が現れました。風疹ウイルスが胎児に感染すると、胎児のからだの細胞を壊したり、細胞分裂を起こりにくくするということがわかっています。

胎児の成長

受精後二週間も経つと、胎芽は約一ミリメートルに成長します。この頃の赤ちゃんは長い尾やエラがあって、とても人間の赤ちゃんとは思えない形をしています。魚類、両生類、爬虫類、哺乳類、そしてヒトへと生物進化の過程を一気にたどり、

◆ 成長の様子

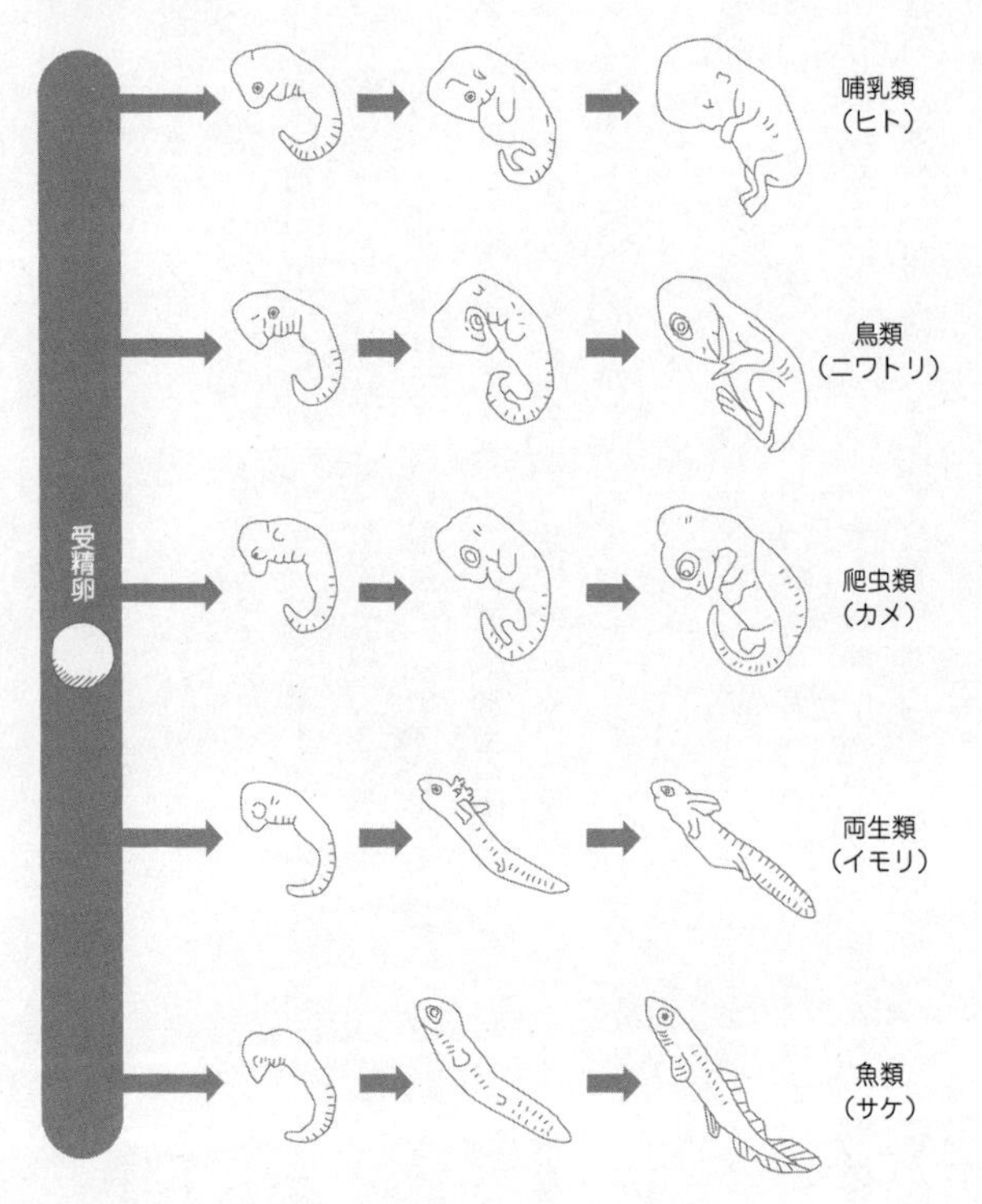

受精後七週頃には人間の赤ちゃんの姿へと成長します。

　受精後七週目になると、手や足がはっきりと見えてきます。この頃、赤ちゃんは盛んに動くようになります。受精後八週には、大きさはおよそ四センチメートルになります。

　受精後二十一週、身長三〇センチメートル。手足がずいぶん長くなってきます。そして受精後三十週。赤ちゃんは生まれる頃と同じような姿になってくるのです。身長はおよそ四〇センチメートル、体重も二〇〇〇グラム近くに成長しています。

　こうしてヒトの赤ちゃんは、およそ三十八週をかけて、身長約五〇センチメートル、体重約三〇〇〇グラムにまで成長するのです。

胎児はオシッコやウンチをする？

オシッコとウンチのできるまで

私たちがまだお母さんのおなかの中にいた頃、オシッコやウンチをどうしていたのでしょうか。私たちが食物を食べると、それらは口や胃、小腸で消化され、最終的に栄養分が小腸の壁から血管内に入っていきます。このとき消化されなかった食物のカスは、血管内に取り込まれずに体外に出ていきます。これがウンチです。ウンチは口から何かを取り入れなければ出てきません。

それでは、オシッコのほうはどうでしょう。私たちのからだをつくっている細胞は生きている限り栄養分を取り込み、それらを分解しながら生命活動のエネルギーを取りだしています。その分解の過程で不要な老廃物が生じてきます。老廃物の主なものは、アンモニアと二酸化炭素です。二酸化炭素は血液とともに肺に運ばれ、体外へ吐きだされます。

◆ 細胞の代謝

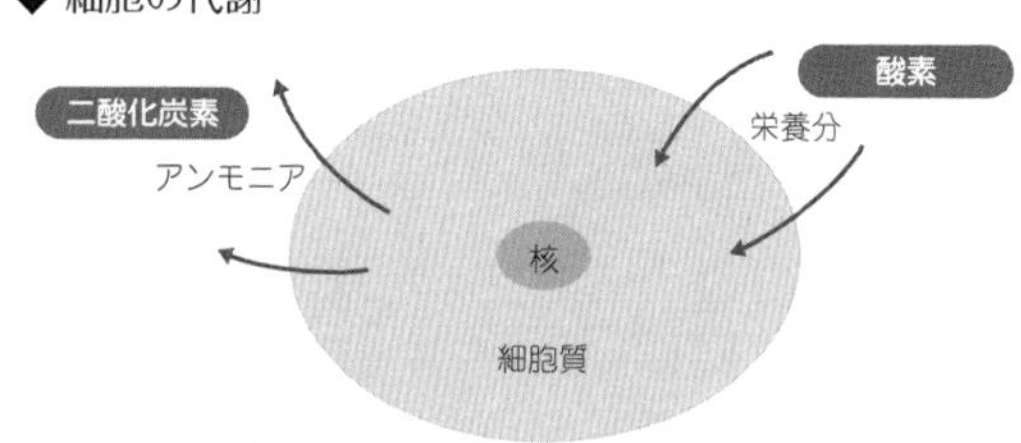

一方、アンモニアは毒性の強い物質なので、まず肝臓で尿素という物質につくり変えられてから腎臓へ運ばれ、腎臓でろ過されてぼうこうにたまり、排出されます。これがオシッコです。ウンチとオシッコは一見似たもの同士のようですが、そのつくられ方はずいぶんと違います。

私たちが、お母さんのおなかの中に宿ってから三カ月も経つと、体長一〇センチメートルほどの小さなからだの中に消化器も肝臓も腎臓もできあがっていきます。しかし、口から何かが入らなければウンチは出ないのです。

赤ちゃんに必要な栄養分はヘソの緒を通して、お母さんのからだから送り込まれていたので、口から食物を取り入れる必要はありません。そのためウンチはしていなかったのです。

しかし、詳しく調べてみると、赤ちゃんは口から羊水を何度も飲み込んだりするので、羊水の中に混じっていた細胞のかけらや未消化物が腸の中にたまるのです。そのため、オギャアと生まれたすぐ後に、黒くてねばねばしたウンチをします。これを「胎便」とよびます。

一方、オシッコはからだの細胞が生きている限り排出されるものです。ですから、私たちがお母さんのおなかの中に宿り、数カ月後に肝臓や腎臓ができあがると、お母さんのおなかの中の羊水にオシッコをするようになるのです。オシッコは、からだが大きくなるにつれて量を増していきます。ただし、私たちのしたオシッコは、そのまま羊水の中にたまっているわけではありません。

私たちは羊水とともに自分のオシッコを口から飲み込むことになるのです。「オシッコを飲み込んでいるなんて汚いなあ」と思う方もいるかもしれませんが、ご心配には及びません。

赤ちゃんのオシッコには細菌が含まれていませんから、少しも汚くはないのです。オシッコを飲むと、そのオシッコは胃を通って小腸まで行き、さらに大腸へと運ばれます。そして大腸の膜を通して血管内へと入っていきます。

このようにして赤ちゃんの血管内に入ったオシッコは、ヘソの緒を通ってお母さんの血管内へ移動していくのです。赤ちゃんのオシッコの処理までやらなければな

◆赤ちゃんはヘソの緒でお母さんと結ばれている

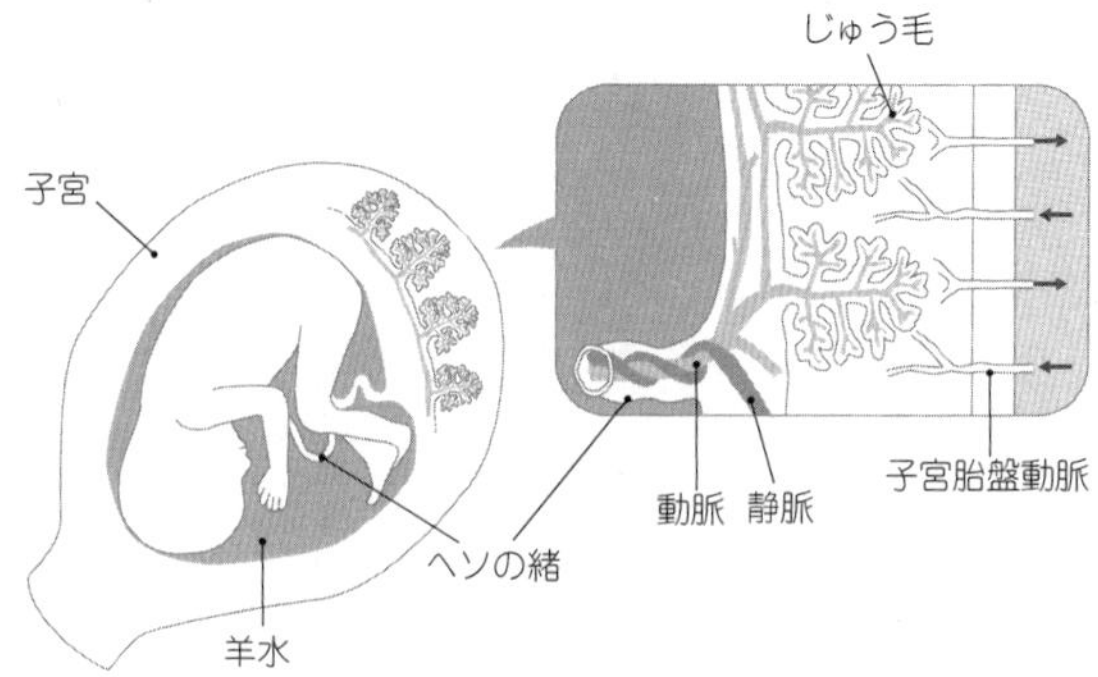

らないので、お母さんの腎臓は丈夫でないと務まりません。

赤ちゃんを宿したお母さんたちの足は、よくむくんだりします。これはお母さんの腎臓に負担がかかっている証拠です。

ウンチとオシッコのはなし

ウンチとオシッコの大きな違い

ウンチやオシッコをしない動物はいません。それは動物がものを食べて生きているからです。動物は、植物のように自分で栄養分をつくることができません。そこでほかの生きものを食べて消化し、消化したものの中に含まれる栄養分を腸から吸収し、からだの隅々まで運んでいるのです。

しかし、食べたもののすべてが消化されるわけではありません。どうしても消化しきれないカスが残ってしまいます。これがウンチの正体です。

それでは、オシッコはなぜ出るのでしょうか。水を飲むとすぐにオシッコがしたくなることがありますが、飲んだ水がそのままオシッコとして出てくるわけではありません。実は、オシッコにはからだ中の細胞が出したごみや毒になるもの（老廃物といいます）がたくさん含まれています。私たちは細胞が出した老廃物を血液によって運びだし、水分と一緒にオシッコとしてからだの外に捨てているのです。

からだの真ん中をつらぬく一本の管

私たちのからだには口から肛門まで、大人で約九メートルの「消化管」とよばれるパイプが通っています。口から食べたものはそのパイプの中を通り、最後はウンチとなって肛門から出ていきます。

私たちの口に入った食べものは、まず口で唾液（つば）、次に胃で胃液、さらに膵臓からの膵液、胆のうからの胆汁、それに小腸からの腸液と混ぜ合わされ、まるでミミズが伸び縮みしながら進んでいくような動きをする小腸の中で消化・吸収されていきます。

消化されると水に溶けなかった栄養分も水に溶けるようになり、体内に吸収できるようになるのです。それでも、食べものの全部が消化されて体内に吸収されるようにはなりません。消化されなかったものが残り、それは大腸に送られます。

大腸の長さは一メートル半から二メートル。消化されなかったものがここをゆっくりと移動していきます。この間に水分が体内に吸収されて、適度な固さになり、

◆ 消化管の構造

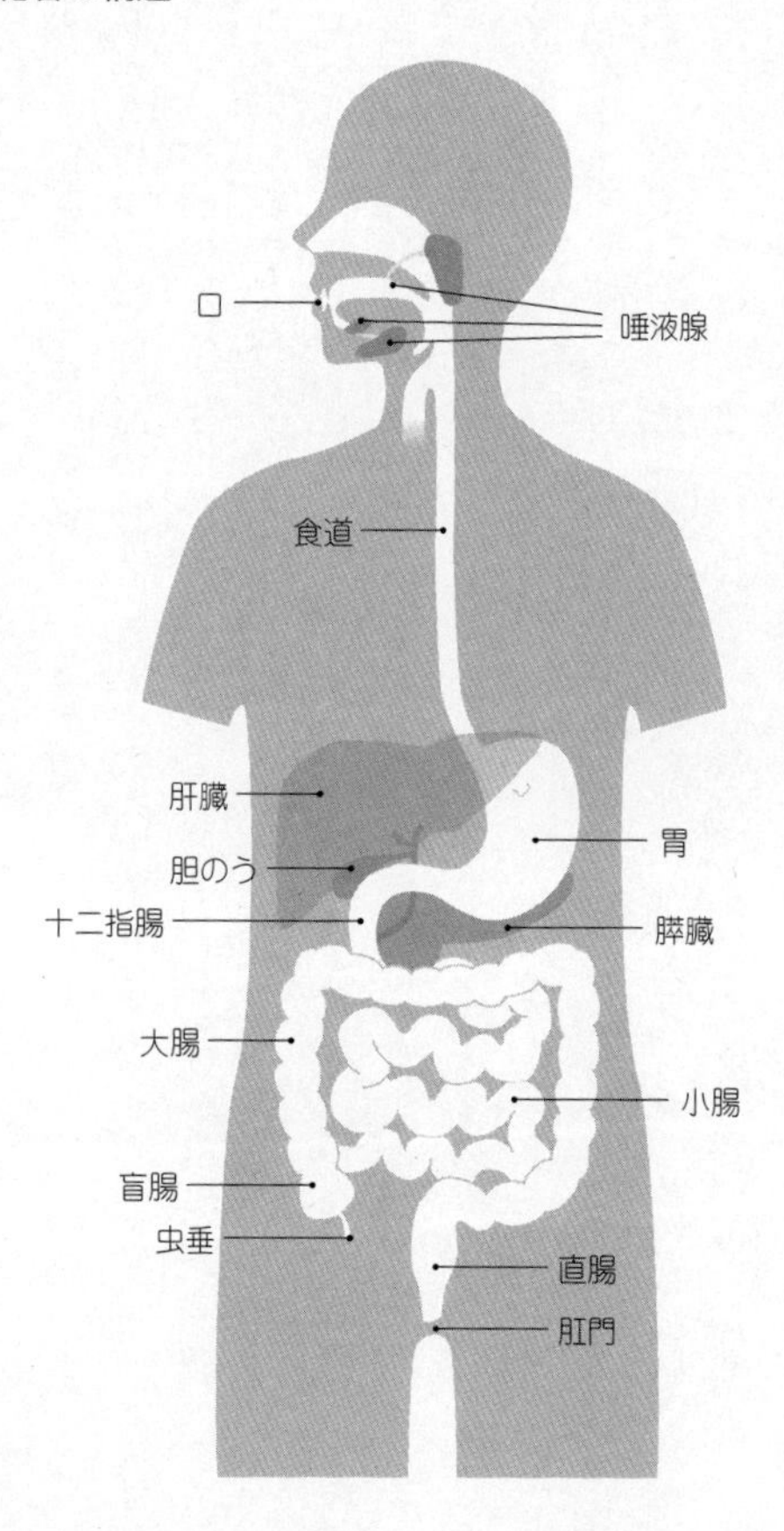

直腸から肛門へと送られ、ウンチとして出ていくのです。ウンチは結局、消化されなかった残りものというわけです。

魚類や両生類には大腸がありません。脊椎動物が水分確保の難しい陸上へ進出するようになった爬虫類の段階から、大腸は見られるようになります。

ウンチって大腸菌の固まり？

私たちの腸内は、温度や栄養の供給などにおいて細菌たちの格好のすみかであるといえます。実際に腸内にいる細菌の数は一〇〇兆個ともいわれ、私たちのからだをつくっている細胞全体の数（六〇兆個）よりも多くなります。

もっとも細菌は私たちの細胞の十分の一ほどの大きさなので、総重量はせいぜい一キログラム程度。ですから細菌でおなかがパンクしたりすることはありません。

ところで私たちのウンチの重量の三分の一以上は、細菌で占められていることがわかっています。「ウンチの中に含まれる細菌って、どんな種類？」と聞かれたら、多くの人はとっさに「大腸菌」と答えるのではないでしょうか？

大腸菌という名前からして大腸を代表している細菌のように思います。しかし、腸内の大腸菌の数は一〇〇〇億個程度。つまり全腸内細菌数の千分の一程度で、決して多い量ではありません。

ただし、大腸菌は体外に取りだしても簡単に培養できますし、増殖も早く検出しやすい細菌なので、腸内細菌の中でも特に目立つ存在です。腸内で最初に発見された菌も大腸菌です。

この大腸菌はいったいいつ頃から私たちのからだに入り込むのでしょうか。母親の体内にいる間、胎児は無菌状態に保護されています。ですから、赤ちゃんのからだに大腸菌が侵入するのは出産時なのです。

出産時、赤ちゃんは母親の産道をくぐり抜ける道中で細菌の洗礼を受けます。そして出産後はシーツや授乳、外気などから、細菌が赤ちゃんの皮膚や消化器官にすみつき始めるわけです。

実は大腸菌と一口にいっても、それは一七〇種類以上に及びます。中には「腸管出血性大腸菌O-157」のように食中毒を引き起こすものもありますが、ほとんどの大腸菌は腸内でビタミンを合成したり、有害な細菌の増殖を抑えたりして私たちの健康に役立っています。

オシッコが出なくなったら死に至る

私たちのからだは、たえず取り入れた栄養分と酸素を反応させてエネルギーを取りだしたり、古くなった細胞を壊して新しい細胞をつくったりしています。

その過程でアンモニアという有毒物質ができてしまいます。二酸化炭素という不要物もできるのですが、二酸化炭素は肺から外に出すこともできます。アンモニアは毒なので、なんとか処理しなければなりません。

そこで細胞でできたアンモニアは、まず血液中に排出され、肝臓に運び込まれます。肝臓の細胞たちは、有毒なアンモニアに二酸化炭素をくっつけて尿素という毒性の弱い物質をつくります。

肝臓が悪くなると、有毒なアンモニアが脳に回って脳細胞を傷めつけることになります。こうなると、今日は何日であるとか、自分がどこにいるのかといったことがわからなくなったり、昏睡状態に陥ったりします。そのまま治療を受けずに放置すれば死んでしまいます。

尿素はアンモニアよりも毒性が弱いのですが、たくさんたまれば問題が起こるの

◆ ネフロンのしくみ

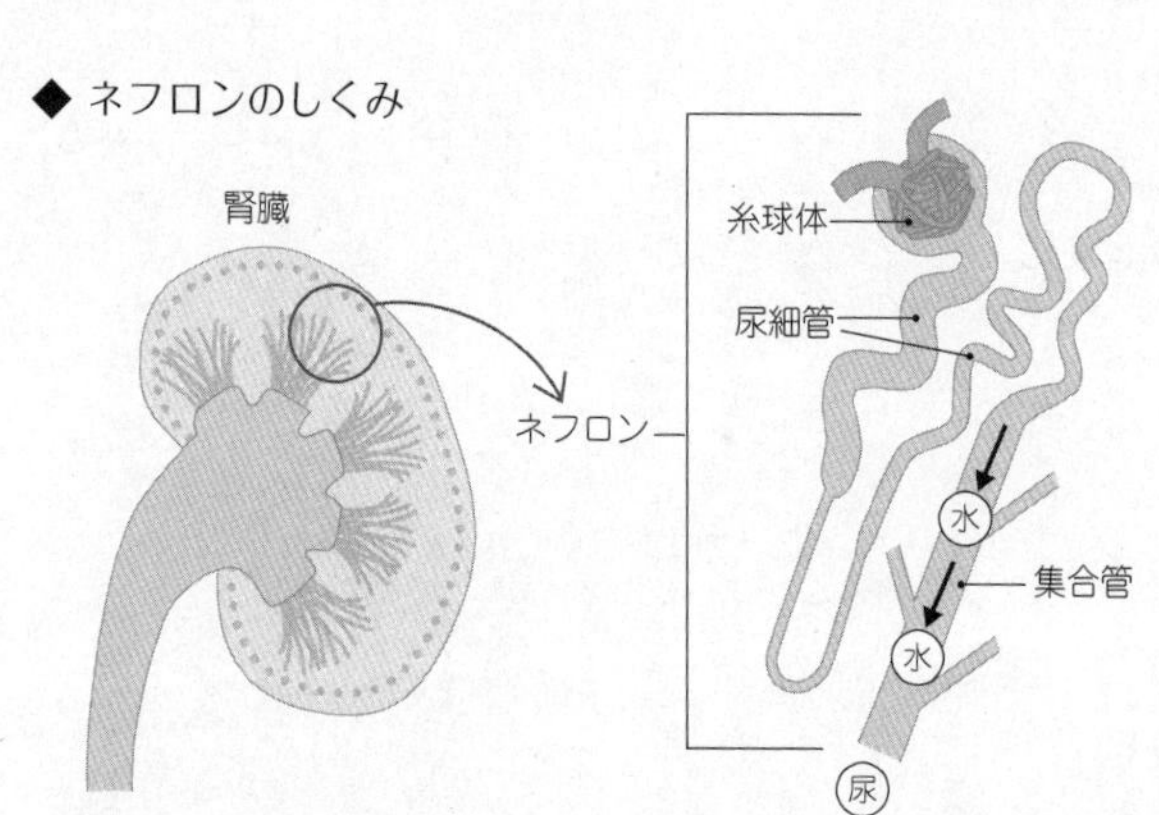

で、なんとか外に捨てなければなりません。そこで、尿素が含まれた血液は次に腎臓に送られることになります。

腎臓は超高性能な血液浄化装置

腎臓は、腹部背中側に左右一組あります。私たちの手の握りこぶしくらいの大きさで、ちょうどソラマメのような形をしています。

一つの腎臓には、約一〇〇万個ものネフロン（腎単位）とよばれる血液浄化装置があります。ただし実際に働いているのは、そのうちの約一〇パーセントにすぎません。残りは予備として控えているのです。そのため、仮に腎臓移植のドナーとなって片方を提供したとしても、その後の生活に支障はありません。

　血液が腎臓内のネフロンに入ると、まず毛細血管が毛糸玉のように集まった糸球体の中で、液体成分である血しょうだけがしみ出します。これを原尿といいます。原尿には廃棄物である尿素のほかに、水やブドウ糖、アミノ酸、ナトリウム、ビタミンなど、リサイクルできる物質もたくさん含まれています。

　これらの物質を選別して無駄なく回収するのが、尿細管の役目です。尿細管では、このようなからだに有用な物質が血液中に再吸収されます。

　腎臓は、毎日およそ一・八リットルもの原尿をつくっていますが、実際に尿としてからだの外に出されるのはその百分の一程度、つまり一升瓶一本分（約一・八リットル）ということです。

　こうして腎臓でこしとられた尿は、ぼうこうに送られ、ある程度たまると私たちはオシッコとして外に出しています。オシッコをすることで、私たちのからだの中にできる毒が排出されるというわけです。

Part 2

世界はふしぎに満ちている

人類の品種改良の歴史──米やブタができるまで

人類の工夫の所産──イネ

私たちが主食にしている米は、イネの種子の皮をむいて食べられるようにしたものです。イネはもともと熱帯地方の植物ですが作物として改良され、熱帯地方以外でもつくられるようになり、日本には縄文時代から弥生時代にかけて入ってきました。現在、作物として栽培されているイネは、人類の長い間の「品種改良」の成果です。

野生のイネは自分の花粉がめしべについても受精せず、ほかのイネの花粉がめしべにつくと受精する「他家受粉」という性質を持っています。これは常にほかのイネの花粉がついて種子が雑種になるようになっているのです。

そのほうがいろいろな性質の種子ができ、環境の変動や病害虫などが原因で一斉に死に絶えるリスクが小さくなります。つまり、どれかが生き残るという点で、野生のイネにとっては大切なことなのです。

しかし、イネを栽培する人類にとっては、やっかいな性質といえます。なぜなら、雑多な種子ができてしまい、均一な性質の種子ではなくなるからです。

長い栽培の歴史の中で、この性質は完全になくなり、花が咲くとすぐに自分の花粉がめしべにつく「自家受粉」をして受精し、種子ができるようになりました。そのため、すべてが同じ性質を持つイネになり栽培しやすくなりましたが、そのぶん環境の変動や病害虫などに弱くなったともいえるのです。

野生のイネは種子が小さく、熟すとぱらぱらと落ちてしまいます。また、一度に熟さないので、熟すのに時間的なばらつきがありました。植物にとって種子は子孫を維持するためのものですから、広い範囲に種子をばらまき、一度に熟して鳥などに食べつくされてしまわないようにしているのです。

しかし、作物としては、一粒の種子に栄養たっぷりが望ましい。また、種子が落ちにくく、しかも一度に熟すほうが収穫しやすくなります。

イネの栽培では、収穫した種子の一部を翌年にまくための種子に残しますが、残す種子の中で「大きい粒のもの、落ちにくく一度に熟すもの」をより分けて選んで

◆こうべを垂れる稲穂――これも人類の改良の結果

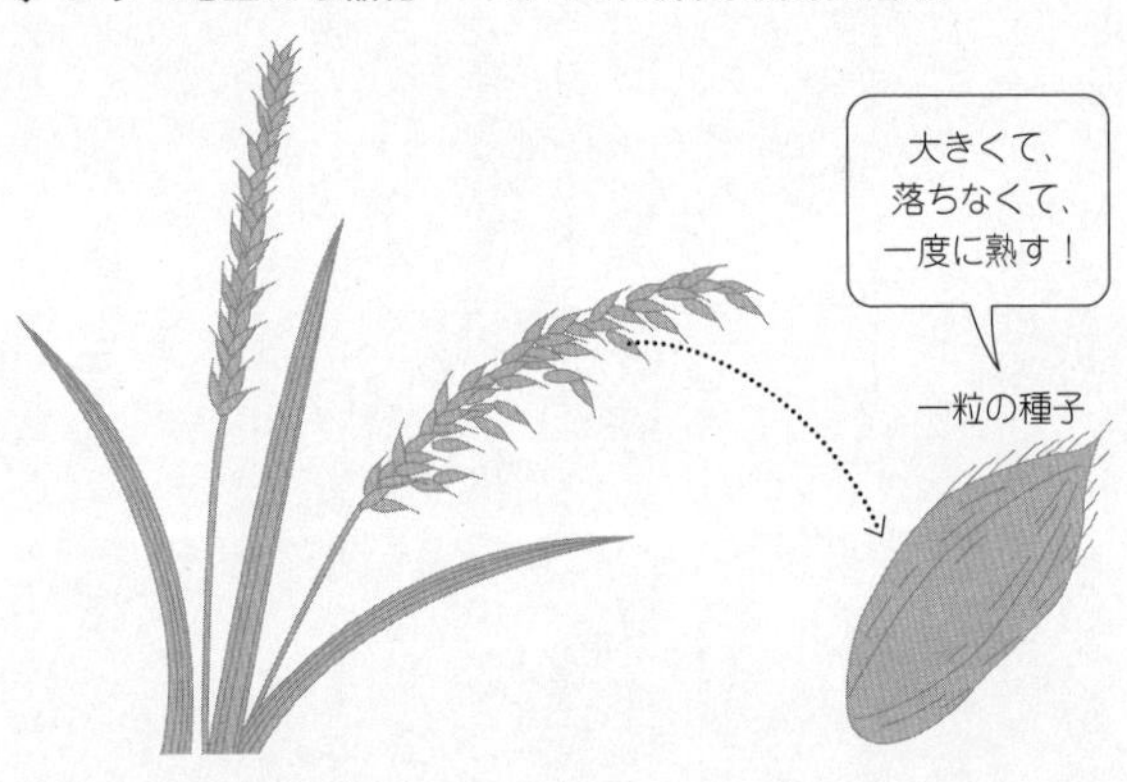

いきました。その結果、何百年、何千年という時間の中で種子選びをくり返すうちに、現在のような品種になったのです。

人類は野生のイネの性質を大きく変えて、栽培・収穫しやすいイネにつくり変えました。その結果、作物としてのイネは、自然の中で（野生で）育つには不都合な性質を持ってしまっているわけです。

そのため、田畑で人間が管理しながら栽培することになりました。農業の発展は、人間を狩猟採集の生活から同じ場所に住み続ける生活へと変化させたのです。

イネを水田で栽培する理由

静岡県にある登呂遺跡には、今から約千

八百年前の水田の跡があります。すでに弥生時代から、イネは水田で栽培されていたのです。もともとはヒエやアワと同じ畑の植物であったイネが、なぜ水田で栽培されるようになったのでしょうか？

畑に雑草が生えてくると、イネは必ず雑草に負けてしまいます。イネの栽培を始めた古代の人々は、イネが雑草に打ち勝つ方法を考えだしました。

それが、水田でイネを栽培する方法なのです。イネは水田で育てると、根に空気が通れる独特な組織（破生通気組織）ができて、空気を葉から取り込んだり、葉でつくられた酸素が根に送られるようになっているので、どんどん成長できるのです。しかし、雑草の根は水田の水の中では窒息して死んでしまいます。

弥生時代のまだ除草剤もない時代から米が主食として人間を支えられたのは、水田によってイネが雑草に打ち勝ち、実ったからなのですね。

人間がイノシシをブタへと変えた

食肉用に「イノブタ」というイノシシとブタをかけ合わせた動物が飼育されています。ブタのメスにイノシシのオスを交配してつくった家畜です。

◆イノシシとブタの体型の比較

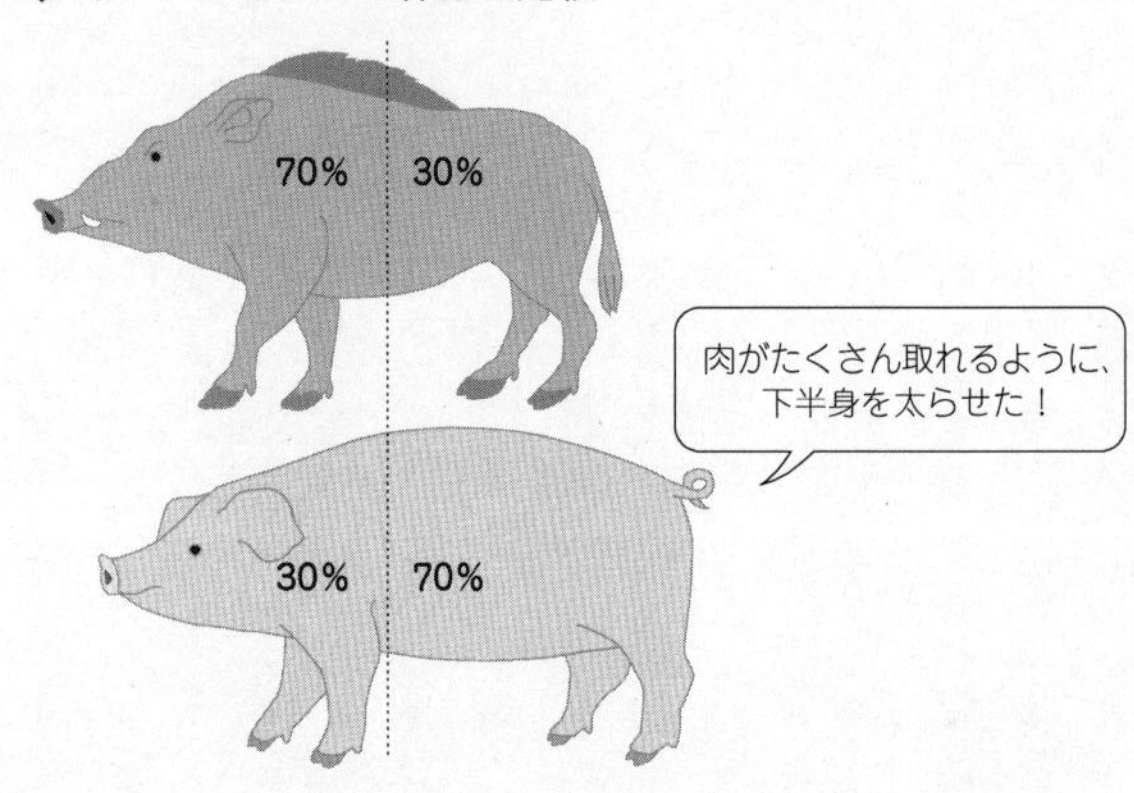

ブタとイノシシの間で子どもがつくれるということは、この二つは同じ種（しゅ）だということです。

イノシシは何でも食べて多産で育てやすいので、人間がイノシシを家畜として長い年月をかけて改良してブタにしたのです。

その家畜化の過程で、ブタは野生のイノシシとはかなり異なった形態や性質を持つようになりました。

まずは、からだつきです。野山を駆け回るイノシシは、ブタに比べてスマートで、鼻づらが長く、オスの下あごの犬歯はキバとなって外に突き出しています。

性質も荒々しく、動作も機敏で、走るのも速ければ泳ぎも達者です。これに比べると、家畜化されたブタは性質もおとなしく、肉がたくさん取れるように下半身が太り、鼻の骨が短く、しゃくれ顔になっています。

ブタは、イノシシより発育が早い動物です。体重が九〇キログラムになるのに一年以上かかるイノシシに対し、ブタでは六カ月と、二倍の早さで成長します。

また、ブタはイノシシに比べてきわめて繁殖力が旺盛です。イノシシでは普通年一回、平均五頭（三～八頭）の子を産みますが、ブタは年に二・五回も産ませることが可能です。子の数も平均一〇頭以上、種類によっては三〇頭近く産むものもあります。子どもの数に応じて、お乳（乳頭）の数はイノシシでは五対であるのに対し、ブタでは七～八対もあります。

成長して子どもを産めるようになるまでにイノシシでは二年以上かかりますが、ブタは四カ月から五カ月で子どもを産めるまでに成長します。

イノシシにはあるキバがブタにはありませんが、これも改良の結果でしょうか？

いいえ、ブタにもキバがあるのですが、キバになる歯を乳歯のときに折り取ってしまっているのです。イノシシにはある尾も、ブタではお互いに尾をかみ合ったりするので切られてしまいます。

野生植物と栽培植物はこんなにも違う

野生の植物は三条件が揃っても発芽しない

種子が発芽する三条件は「十分な水分」「適当な温度」「空気」であると小学校の理科で学びました。

それでは、種子はこの三条件が揃えば、いつでも発芽するのでしょうか？

実は、三条件により発芽するのは、人間が品種改良してきた栽培植物に多いのです。人間に都合がよいように、栽培植物は揃って発芽し、同じような育ち方をし、一斉に開花し、結実するように改良されていったのです。

もし野生の植物が、三条件が揃うと一斉に発芽するならば、自然環境が大きく変わったときに全滅してしまいます。同じ時期にできた種子であっても、野生の植物は時期をずらし、少しずつ発芽します。

例えば、ある植物が春に発芽して、その後秋に種子ができたとします。秋の温度

◆ 発芽の条件を調べる実験

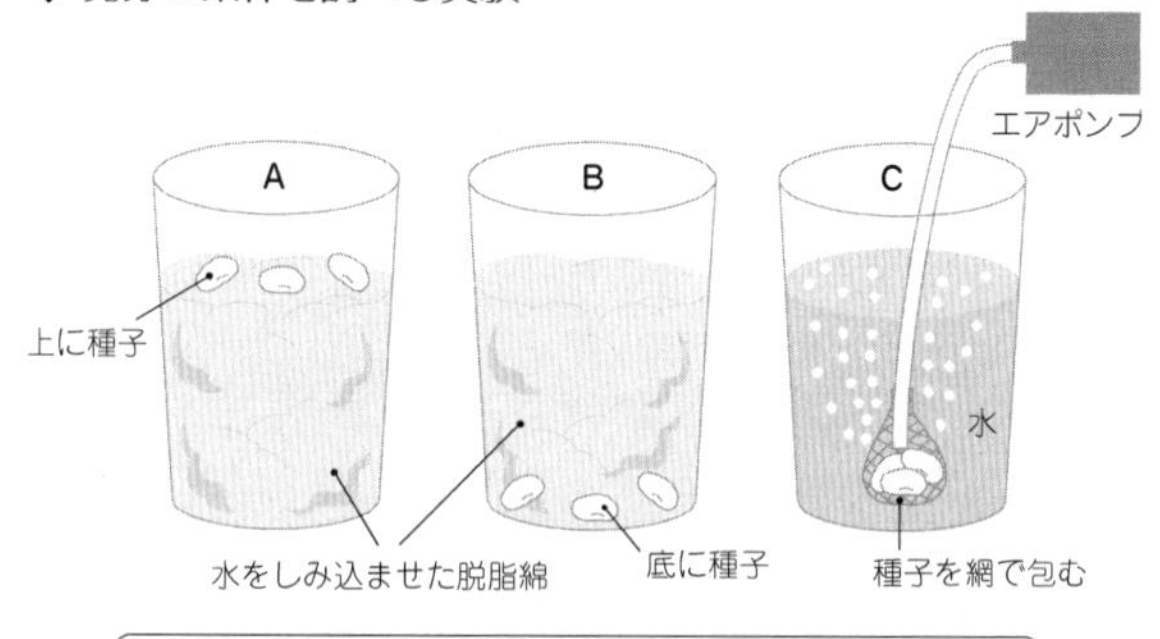

AとCは発芽する。Bは空気が不十分で発芽しない。

は春の温度と同じくらいですから、発芽にとって適当な温度です。

しかし、秋に種子が発芽して、地面に葉っぱを広げてしまったらどうなるでしょうか？

冬の寒さを何とかしのぐことができる植物ならば大丈夫ですが、おそらくは、せっかく発芽しても、冬の寒さで枯れてしまうことでしょう。

ですから、秋に種子をつくる多くの植物は、春に発芽するようにしばらく種子を休眠状態にして冬を越すのです。

高い温度や温度変化の激しさが休眠を破るきっかけとなったり、たくさん光が当たると、発芽が進むものもあります。

発芽するきっかけは、種子によってさまざ

までです。「十分な水分」「適当な温度」「空気」は絶対に必要ですが、「その三条件が揃えば発芽」となると、自然界では生きていけない場合が多いのです。

野生植物の発芽と光の関係

栽培植物の種子の多くは「十分な水分」「適当な温度」「空気」の三条件が揃えば、明るい場所でも暗い場所でもよく発芽するものが多いのです。つまり、「光」が発芽の条件になっていないのです。

しかし、野生植物の大部分は、程度の差があるとはいえ、「光」が発芽の条件になっています。ある調査によると、ドイツ産の野外種子九六四種のうち、約七〇パーセントは光に当たることで発芽が進み、二七パーセントは光で発芽が抑えられ、残りの三パーセントが光が当たる所でも暗中でも同じように発芽するものであったということです。

植物は発芽してから、葉を広げて光合成をおこない、自分で有機物をつくらなければなりません。光が当たる明るい場所なら、葉を広げれば光合成を開始できます。

小さな種子で「栄養分のお弁当」が少ない場合、暗い場所だと光が当たる場所まで茎を伸ばせるかどうかわかりません。

「大きなお弁当」を持つ大型種子ならば、暗い場所で発芽してもお弁当の栄養分で光が当たる場所まで何とか成長できる可能性があります。しかも、発芽に光の条件が必要な種子は発芽してこないので、競争相手が少なくなります。

小学校理科の発芽の実験でよく使われるインゲンマメは栽培植物であり、大型種子ですから、光の条件は必要なく、発芽してくれるのです。

一方、栽培植物でも光が当たらないと発芽しないものにレタスがあります。光が当たると種子の休眠が破られて発芽するようになります。このような種子は、まくときに土をかぶせません。

もやしは「萌やし」

もやしを漢字で書くと「萌やし」です。「萌える」は「芽が出る、草木などが芽をふく、芽ぐむ」。「萌やす」は「芽を出させる、もやしをつくる」という意味で、「萌やし」は「萌やす」の名詞形です。

◆もやしを観察してみると……

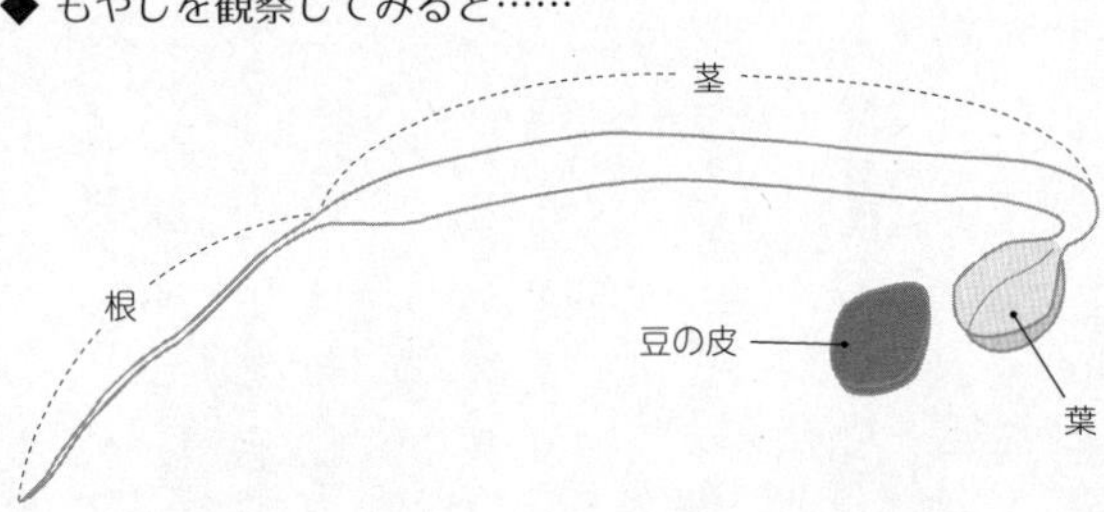

もやしは、豆などを水にひたして、光を当てずに芽を出させたものです。

もやしの食品表示ラベルを見ると、どんなものを発芽させたかがわかります。流通しているもやしには大豆・緑豆・ブラックマッペの三種類があります。

一本のもやしを手に取り観察すると、片方の端は根のように細くなっており、反対側の端は小さい葉っぱと豆の皮のようなものがついています。

光を当てずに栽培されたもやしは、緑色にならずにひょろひょろっと長く白っぽくなります。しかし芽を出すと、種子のときにはなかった栄養分がつくられます。

芽を出してから数日間で、ビタミンやアミノ酸といった栄養分がたくさんつくられます。もやしは、栄養がいっぱいつまった食べものなのです。

通常、豆からつくるもやしは野菜として食用にしますが、それ以外にも麦のもやしは「麦芽」といってビールや水あめの原料となります。

もやしはどこで栽培している？

もやしは、工場で大量生産されています。種子を土にまき、肥料を施して育てることはしていません。光のない環境で容易に栽培でき、ビタミンが豊富なことから、第二次大戦中には潜水艦内でも栽培されました。

仕入れた豆を機械や人間の目で選別し、殺菌をした後、薄暗い部屋で栽培します。

数時間ぬるま湯に浸けておくと、豆の皮がふやけて芽が出やすくなります。水を取り替えながら育ちやすい温度にしておくと、七日から十日程度で発芽します。空気や水、温度は、コンピュータでコントロールしています。最後に、傷がついたり折れたりしないように気を使いながら、すばやく袋につめて、流通に回します。

最新のもやし生産工場ではすべてが自動化されていて、人間が触ることなく、もやしはできあがっていきます。

目立たない花と目立つ花

シバには花が咲く？

イネの花は七月～八月頃に咲きますが、花びらは痕跡程度で、葉が変形した二枚の「えい」に包まれています。そして、六本のおしべと一本のめしべからなり、めしべの先の柱頭（ちゅうとう）は二つに分かれ、羽毛状になっています。柱頭が花粉を受け取りやすいように、羽毛状になって表面積を大きくしているのです。

このような柱頭の形は、風で花粉を飛ばす「風媒花（ふうばいか）」の特徴の一つです。風媒花には、美しい花びらもよい香りもありません。風まかせですから必要ないのです。めしべだけではなく、おしべも花粉を風で飛ばしやすい形になっているのでしょうか？　イネ科では、花粉を包んでいる葯（やく）は長い糸状でたれ下がり、風を受けやすくなっています。

イネを植えてある田んぼが近くにない人でも、芝生なら身近にあるかもしれませ

◆ イネの花

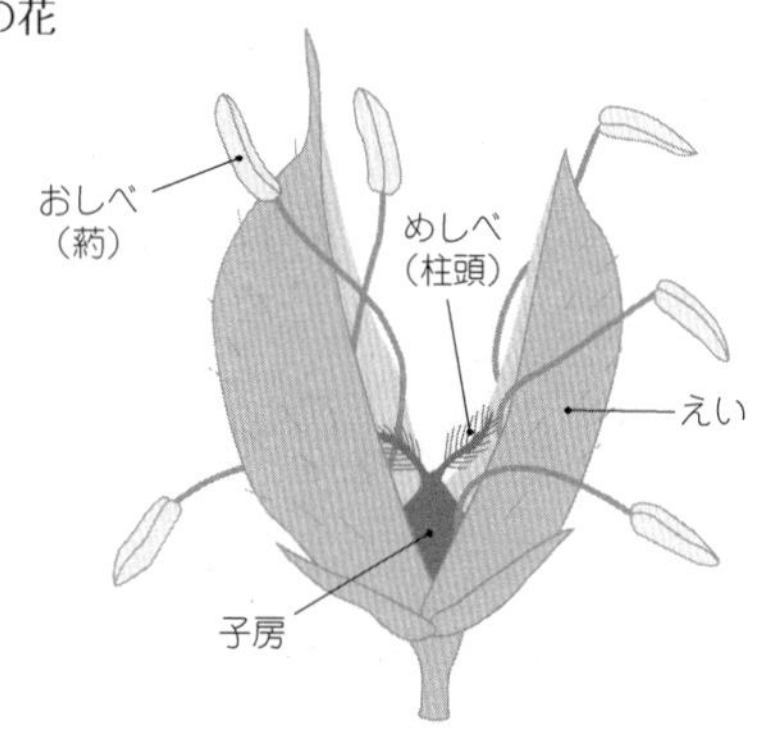

ん。芝生の「シバ」もさまざまな種類がありますが、イネ科の仲間です。授業で学生たちに「シバにも花が咲くと思いますか？」と聞くと、皆が悩みます。シバは身近な植物ですが、じっくり見たことがないし、「花が咲くかどうか」という問題意識を持ったことがないのでしょう。

もちろん、シバも花を咲かせます。シバやススキ、ムギなど、イネ科の仲間はすべて風媒花です。目立つ花ではありませんが、おしべは花粉が風で飛びやすく、めしべの柱頭は花粉を受け止めやすいということが、風媒花にとっては大切なのです。

目立つ花と昆虫のいい関係

花粉を昆虫などに運んでもらう花もあります。これを「虫媒花（ちゅうばいか）」といいます。チューリップ、ヒマワリ、アサガオ、ウメ、サクラなど、よく目立つ花はすべてその仲間です。花に昆虫を招き、うまく受粉させるための巧妙なしくみをたくさん持っています。

まず、「花びら」や「がく」です。種類によって花びらやがくの色・形はずいぶんと違います。目立つ色の花びらやがくは、花粉を運んでくれる動物に向けての広告です。これらは、昆虫を引きつけます。また、芳香を発するものもあります。

腐ったようなにおいを出す花もありますが、それはハエを引きよせるためです。真っ白に見える花びらも、紫外線を見ることができる昆虫には模様が施されているように見えるのです。そして、その模様の先には、お駄賃としての蜜が用意されています。

また、花粉には粘液や突起物があり、昆虫のからだにつきやすくなっています。花を訪れた昆虫は、蜜をもらう代わりに花粉をからだにつけて運ぶことになります。このように昆虫が花粉を運び受粉をおこなう方法を「虫媒」とよびます。花粉が風まかせに飛び散る「風媒」よりも、確実に受粉できる方法です。

さらに花の形も管状、つり鐘状などと多様で、花を訪れる昆虫のからだの形とうまく合っています。

植物にとって、確実に受粉することは、自分の仲間を増やすために、とても大切なことです。そのための工夫が花には見られるのです。

どんなに美しい花も、私たちを楽しませるために咲いているわけではありません。花は種子をつくるためのもの、つまり仲間を増やすための器官なのです。

例えば、アヤメの花にはハナバチがやってきます。花はがく（アヤメの花の大きく垂れている三枚の花びら状のものはがくです）とめしべの間がトンネルになっており、その奥に蜜があります。

ハチがトンネルに入ったとき、背中についていたほかのアヤメの花粉がめしべの先にくっつきます。さらに奥に進むとおしべの先がハチの背中につき、やっと蜜が吸えるようになります。また、次のアヤメの花に蜜を吸いにいくと、同じようにめしべに花粉をつけ、背中に花粉をもらうのです。

一般的に花を咲かせる植物は、花粉の運び手である昆虫との関係を深めながら、

◆アヤメとハナバチ

ともに進化してきました。昆虫のからだに合わせて花びらの形や色を変えたり、おしべとめしべの位置を微妙に調整してきました。そうして、特定の昆虫とパートナーシップを築き、より確実に同じ種類の花同士で花粉をやりとりするようになったのです。多様な花があるのは、この「虫媒」という昆虫と植物とのいい関係の結果だといえるでしょう。

花の役割とは……

結局、どの花にも共通しているのはおしべ、めしべの両方あるいは一方を必ず持っているということです。それは風媒花も虫媒花もまったく同じです。

植物体にとって、花の役割とは次代の植物

体となる種子を残すこと。

ちなみに、花粉症の原因の一つでもあるスギ花粉ですが、スギは風媒花です。めしべに花粉を受ける特別なつくりがありませんから、イネなどよりもっと受粉しにくいのです。ですから、スギはおびただしい花粉を空中に撒布（さっぷ）します。

スギ林一ヘクタール当たり、五兆個から一〇兆個の花粉が飛ぶという計算もあります。春先、ぼくをはじめ多くの人々がこの花粉に悩まされるわけです。

トウモロコシのヒゲの役割

サヤエンドウとトウモロコシの謎

めしべの下のほうを眺めると膨らんでいるところがあります。それは子房です。子房の中に入っているつぶつぶは、胚珠(はいしゅ)（種子の赤ちゃん）といいます。

被子植物は花が散った後に実ができますが、そのとき花の子房は実（果実）に、胚珠は種子になり、実をよく見ると、花のなごりがわかるときがあります。

例えば、サヤエンドウ（キヌサヤ）という野菜がありますね。まだ完全に熟していない若い実を食用にしますが、サヤには豆が入っています。

実の先に細いものがついていますが、これはめしべのなごりです。根元には「がく」のなごりがあり、その中におしべが残っている場合があります。つまり、サヤエンドウには「花のなごり（花の部分だったもの）」が残されているのです。

花の子房が成長して実になると、花びら、おしべ、めしべの柱頭は取れてしまう

◆ サヤエンドウの花と実

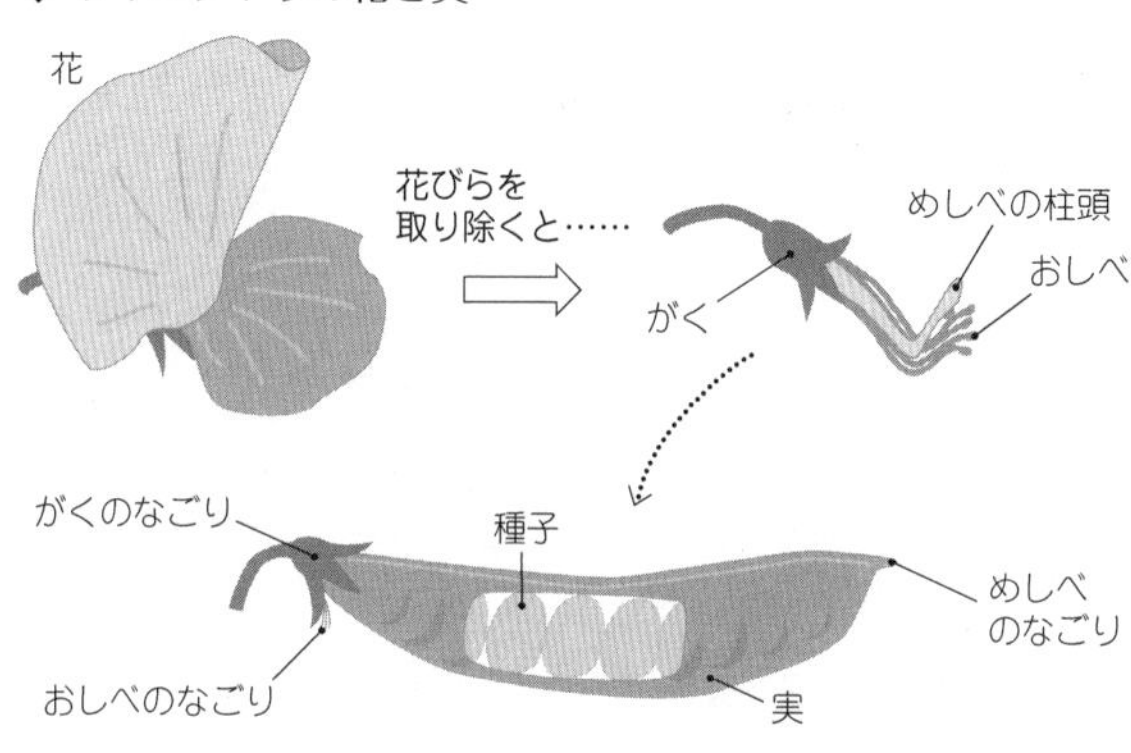

ことが多いのですが、めしべやおしべの痕跡が残ることがあるのです。「がく」は、実に残ることが多いのです。

世界の三大穀物といえば、小麦、米、トウモロコシです。

夏には、おいしいゆでトウモロコシを食べる機会もあるでしょう。そこで、皮をむく前のトウモロコシをよく眺めてみましょう。毛のようなもの（ヒゲ）がたくさんついており、皮をむいてよく観察すると、ヒゲは一粒一粒の種子につながっています。

このヒゲは何でしょうか？

実は、畑に植えてあるトウモロコシのてっぺんの穂は、たくさんの雄花の集まりです。雄花は、高いところから花粉を振りまきま

◆トウモロコシの雄花と雌花

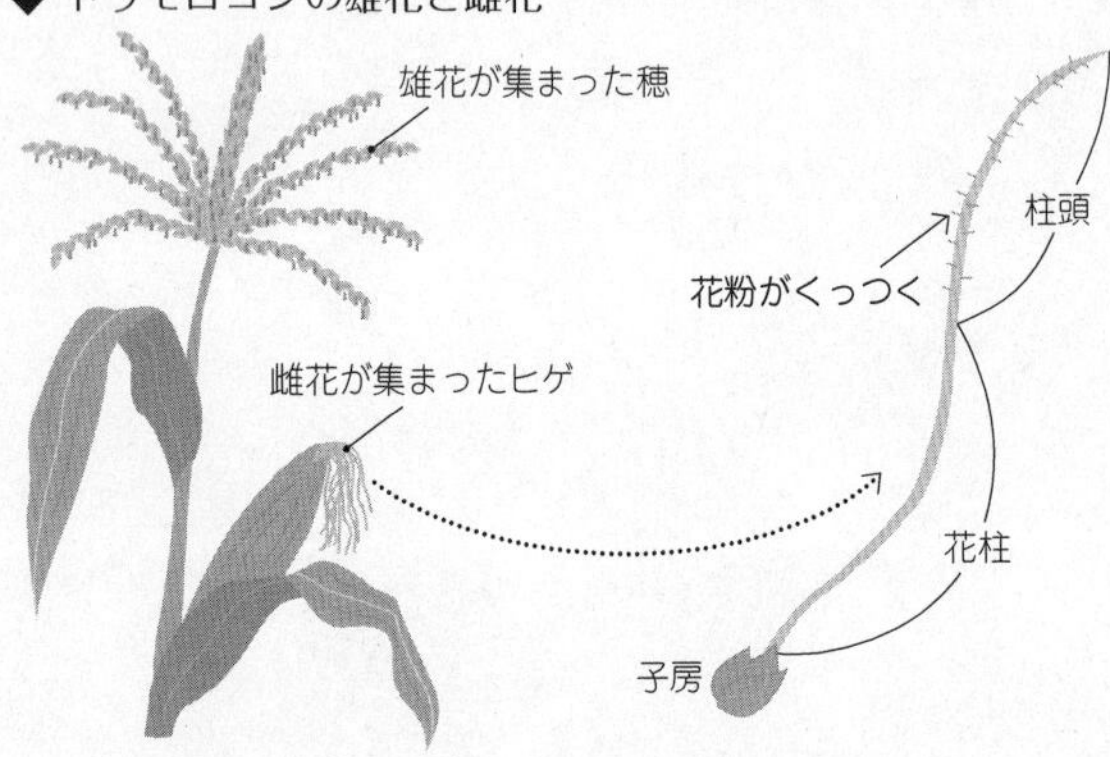

す。風に舞った花粉をキャッチするのが、雌花です。

雌花からはヒゲが伸びており、触るとベトベトしています。ヒゲの一本一本がめしべで、その先は細かい毛がたくさん生えていてベトベトした柱頭になっているのです。ヒゲの先にうまく花粉がつけば、花粉から花粉管が伸びていって受精がおこなわれて、実をつくることができます。

トウモロコシの実についていたヒゲは、めしべのなごりです。めしべは子房・花柱・柱頭の三つの部分からできています。外に出ている長いヒゲはめしべの柱頭です。花柱は外からは見えません。子房はつぶつぶの実になります。

家庭菜園でトウモロコシを育てると、実がちょっと歯抜けになる場合がありますが、これは柱頭にうまく花粉がつかなかったからです。

イチゴのつぶつぶは何？

イチゴの花は花托（かたく）（花床（かしょう））というところに、めしべがたくさん並んでいます。花托を取り巻いて、おしべが並んでいます。

花托は「がく」の上にあり、花びら、めしべやおしべの土台になっている部分で、クッションの役目があります。ほかの花の花托は小さいのに、イチゴの花托は盛り上がっていて大きいのです。

めしべの先に花粉がつくと子房がふくらんで実になりますが、イチゴの場合、その実を乗せている花托が大きくなって食べる部分になります。

イチゴのつぶつぶは、一個一個が実なのです。果肉のない実なので「痩せた果実」という意味で「痩果（そうか）」といいます。よく見ると、実の先にはめしべの跡が残っています。

イチゴの実一個の中には一個の種子があります。ですから、イチゴのつぶつぶは

◆ イチゴの花と実

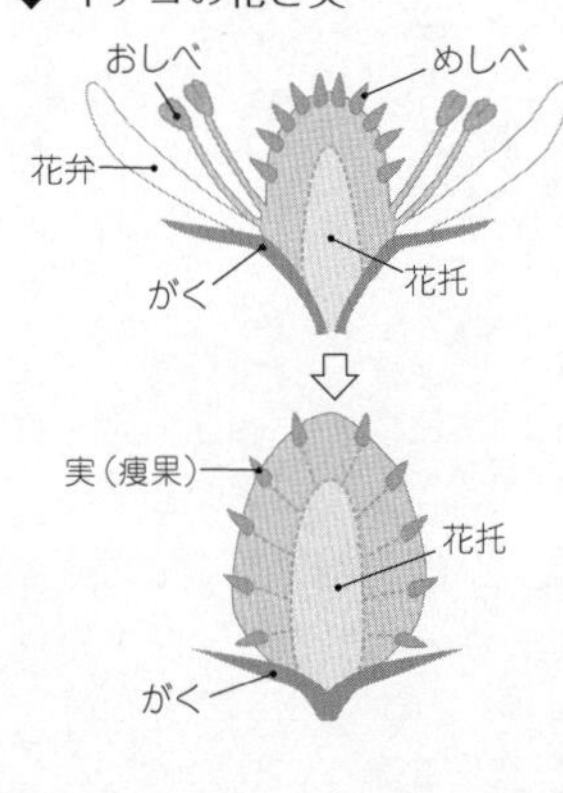

実であり種子でもあるのです。

イチゴの実（種子）は発芽能力があり、実を発芽させて育てることができます。

元高校理科教員の鵜木昌博さんからいただいた手紙を紹介します。

「私は種を見るとまきたくなるたちでして、なんでもまいてみます。イチゴも何度も種から栽培しています。

濡らしたガーゼにイチゴの実（つぶつぶ）を乗せておくと、発芽します。根が少し伸びてきたら、消毒した砂に植え替えてやると、すくすく成長しますので、適当な土にまた移植します。やがて花を咲かせてくれます。

ただし、遺伝子の交雑の結果としてできた実からの植物体ですから、味は親のものと同

◆ リンゴの花と実

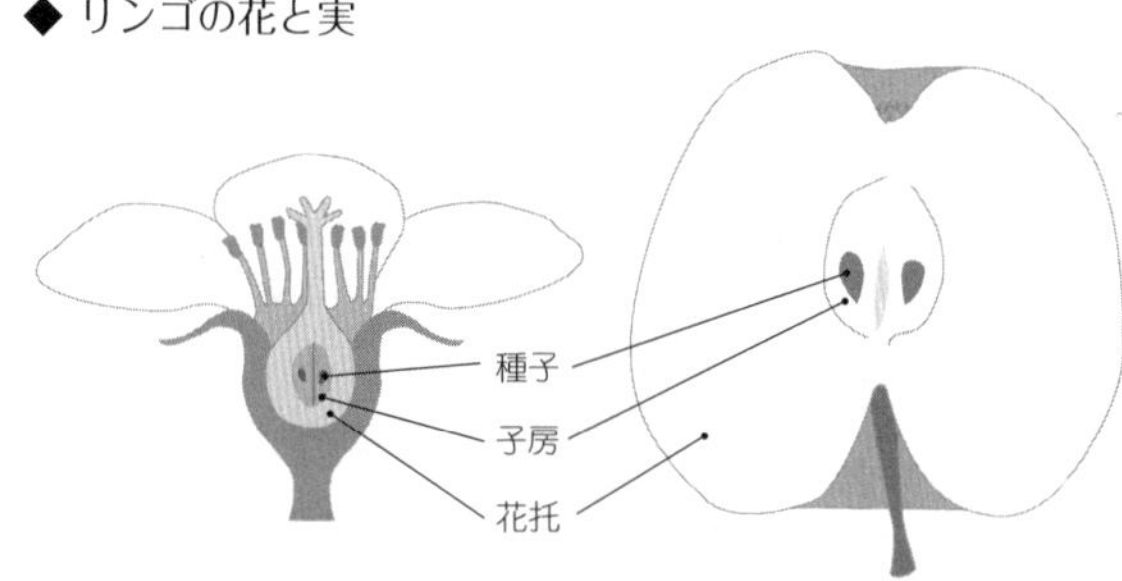

じではありません。たいていは酸っぱくなります」

リンゴの実にある花のなごり

リンゴの花は、花托が子房をしっかり包み込んでいます。

リンゴの実の枝がついていないほうの先には小さなくぼみがあり、その真ん中の突起がめしべ、くぼみの周囲ががくの跡です。

私たちが食べている部分は、子房が大きくなったものではありません。イチゴと同様、花の根元の花托という部分が大きくなったものなのです。「芯」とよばれる硬い部分は子房が変化したもので、中には種子が入っています。

チューリップにはクローンがある

チューリップの実はどこにできる？

春うららかな頃、花壇に咲き乱れる赤や白や黄色のチューリップ。大人から子どもまでとても親しまれている花です。

チューリップは中近東が原産で、十六世紀頃からヨーロッパで栽培されていました。中でもオランダは世界一のチューリップ王国で、何と三五〇〇種もあるそうです。

ところで、チューリップの実や種子はどこにできるのでしょうか？

球根が種子だと思っている方もいるかもしれません。しかし、植物は花の後に実ができ、実の中に種子ができるのです。つまり、球根は実でも種子でもありません。

チューリップの球根は正確には鱗茎（りんけい）といい、短縮茎に葉（鱗葉（りんよう））が重なり合い層状になっているものです。短縮茎（タマネギだと調理するときに切り落とす部分）は

◆ チューリップの球根

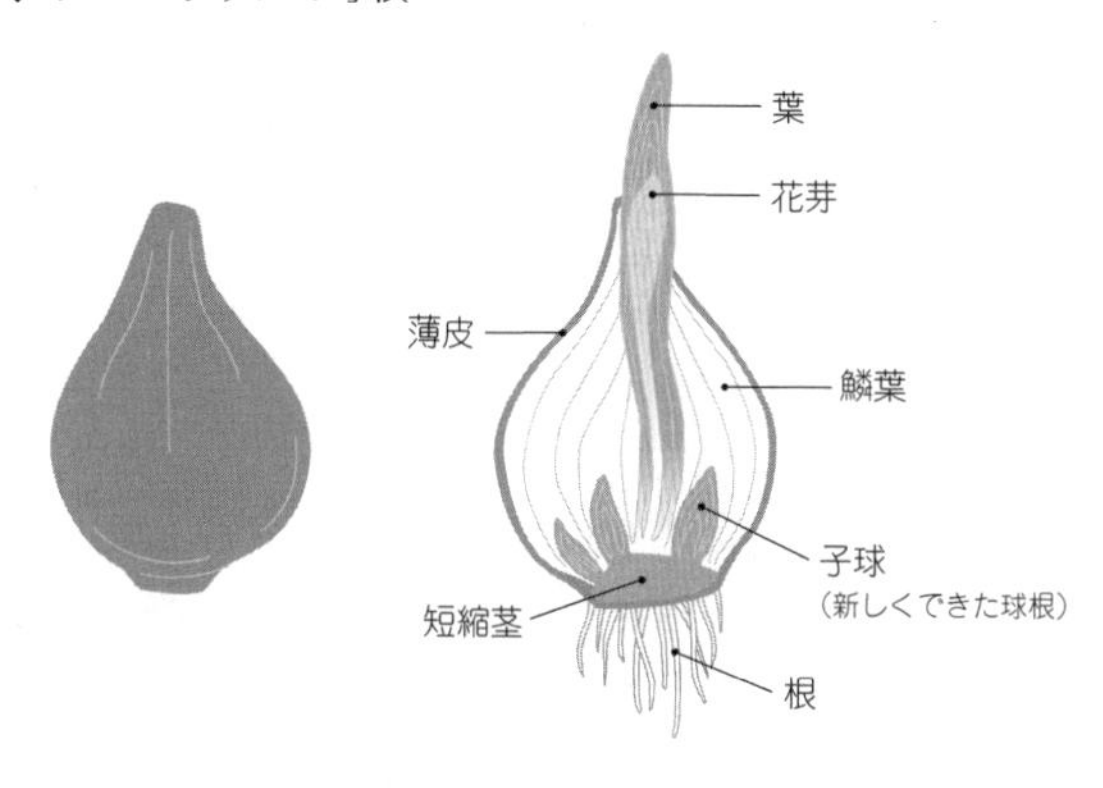

鱗茎の基部になる部分です。

チューリップの花は知っていても、その実や種子を見たことがある人は少ないようです。それは、実になる前に花を切ることが多いからです。

切らなければ、やがて花のめしべの下部の子房が実になります。実の中には種子が入っています。しかし、丸々と太った種子はほとんど見当たりません。薄くて実っていない種子がほとんどです。つまり、種子はできるのですが、人にとって都合のよい花を咲かせる球根がくり返し選ばれてきた結果、種子ができにくくなったのです。

実になる前になぜ花を切るのかというと、栄養分を実に送らずに球根に集中させるため

◆チューリップの実と種子

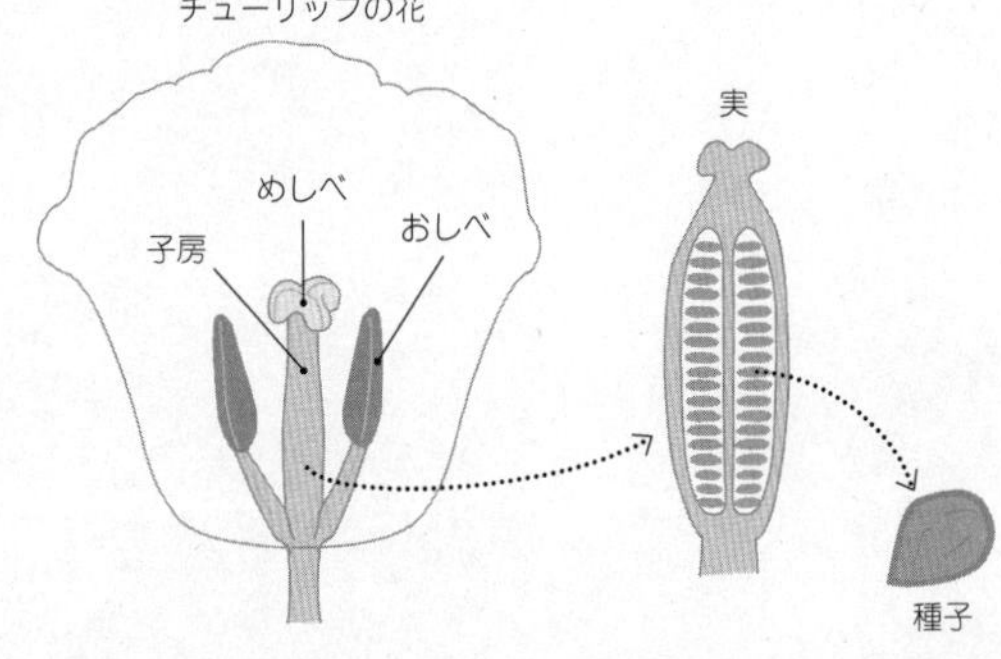

です。球根からであれば、チューリップは短期間で育ちます。

自分のからだの一部から育った生物をクローンといいます。球根は地下茎の一種でからだの一部ですから、球根から育つチューリップもまたクローンです。遺伝子が同じなので、次の年も同じ色や模様の花が咲きます。

違うタイプの花を求めるならば、ほかの株と交配させて種子をつくり、育てる必要があります。ただし、種子から育てると花が咲くまでに何年もかかります。実際、チューリップはそうやって長い時間をかけて品種改良されてきました。そのクローンを、私たちは日頃眺めているのです。

球根と種は
違うものなんだね

ジャガイモにトマトの実がなった!?

ジャガイモの花

ある年、ある地方で「ジャガイモにトマトの実?」という見出しで、新聞に記事が出ました。ジャガイモを栽培している人たちが「ジャガイモにトマトがなった」と驚いたのです。

もちろん、トマトの実ではなくジャガイモの実がなったのですが、毎年ジャガイモを栽培している人たちでさえ、「ジャガイモに実がなる」ということは驚くべきことだったのです。

「ジャガイモにも実ができるか」と聞かれると、「ジャガイモはイモが実でしょう。ジャガイモはイモで増えるのだから」と考えてしまいます。

しかし、ジャガイモのイモは茎の一種、地下茎です。イモで増やすのはさし木と同じで、からだの一部をもとにしている増やし方です。つまり、イモから育ったジ

◆ ジャガイモの花と実

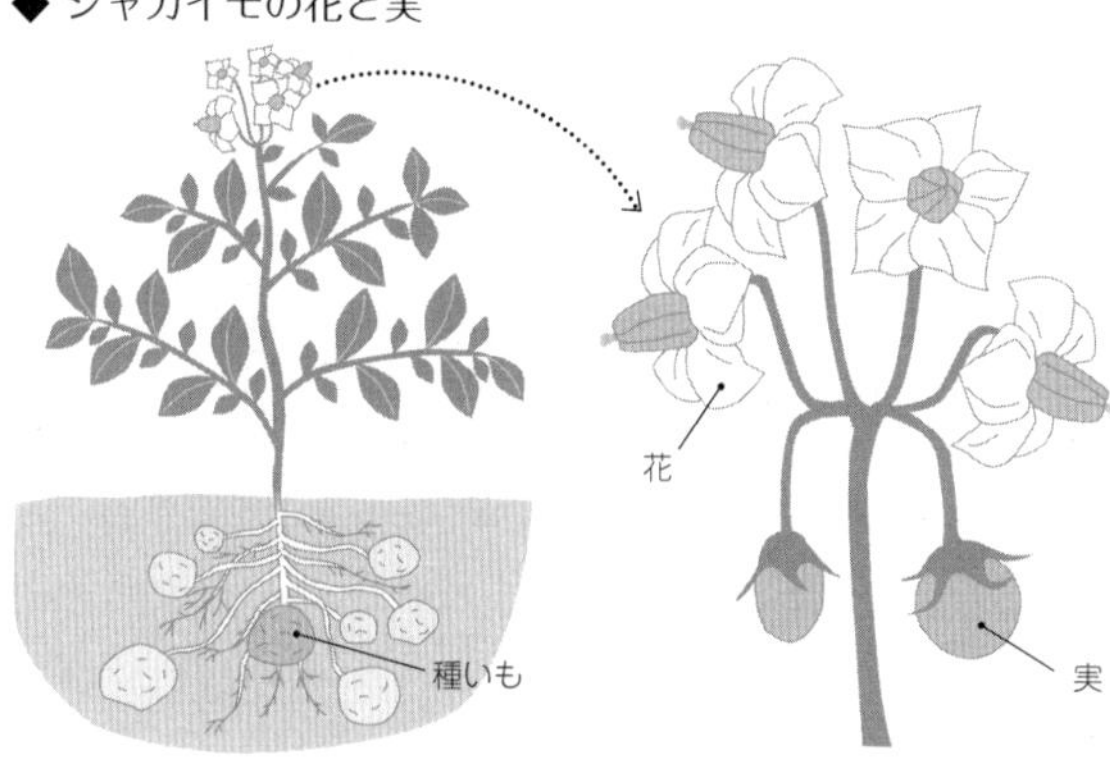

ャガイモはクローンなのです。

　ジャガイモにも花が咲きます。学校の菜園などで、ジャガイモの花を見たことがある人も多いかもしれません。

　ジャガイモは、夏に一カ所につき数個の花をつけます。花の中にはおしべとめしべがあります。花の色は白または淡い紫色で、トマトの花によく似ています。なぜならば、ジャガイモもトマトも同じ「ナス科」に属している植物だからです。実もトマトと似た形をしています。

　普通、ジャガイモの花は実になる前に落ちてしまいます。実を結ぶことは、めったにありません。

　今ではほとんど実を結ばないジャガイモ

も、かつては実を結ぶのが当たり前でした。どうして、めったに実を結ばなくなってしまったのでしょうか。

ジャガイモはアンデス山地の食べものだった

ジャガイモの原産地は南アメリカの山の中で、アンデス山地の原住民たちの食べものでした。現在でもアンデス山地の野生のジャガイモは、花を咲かせています。もともとは、現在のジャガイモのように立派なイモはつけていませんでした。貧弱な小さなイモをつけており、花を咲かせ、実を結んでいたのです。

実は、鳥などに食べられたりします。実の中の種子は、広い範囲にばらまかれました。そうやって自分たちの種を維持していたのです。

十六世紀、スペインが南アメリカを侵略しました。そのときに、ジャガイモはスペインにもたらされました。その後、ジャガイモは非常に優良な作物だということが知られるようになり、各地で栽培されるようになったのです。

ジャガイモを畑で栽培した人びとは、できるだけ大きなイモがなる株を選んだことでしょう。実を結ぶためには、多くの栄養分が必要です。光合成でつくった栄養分をできるだけ多くイモの方に回す（大きなイモをつくる）株は、実を結ばないものが多かったのです。そのため、人間が植えるジャガイモは、実を結ばないものばかりになってしまったのです。

しかし、わざわざ実を結ばせているところもあります。それは品種改良の研究をしている農業試験場などです。

イモで増やせば、まったく同じ性質のイモが採れるわけです。もし「もっとたくさん収穫できて、もっと病気に強く、もっとおいしいジャガイモが欲しい」ということになっても、イモで増やしている限りは実現不可能なことです。

違った品種をかけ合わせて、新しい性質を持つジャガイモをつくろうとする場合は、どうしても種子が必要になります。ある性質を持つ品種の花のめしべに、違った性質を持つ品種の花粉をつけて種子をつくり、できた種子をまいて育ったジャガイモの中で、より優れているものを残していくためです。これは「かけ合わせ法」という品種改良のやり方です。

今、私たちが食べているジャガイモは、そうやって品種改良してきたものなのです。

タンポポの秘密

花茎と茎

「タンポポの茎はどこにある？」

そう聞かれると、「花や実を支えている長いのが茎」と答える人が多いのではないでしょうか。それは花茎(かけい)といって、花をつける茎です。植物学的には（幹と枝がある木でいえば）枝に当たります。花茎は、葉のつけ根にある芽（腋芽(えきが)）が伸びてできる特殊な茎なのです。

植物のからだは、大きく三つのつくり——根・茎・葉に分けられます。

根と茎はひとつながりになり、地面が境目です。葉は茎にくっつきます。タンポポを掘りだして、葉を一枚一枚外してみましょう。葉のついていた白っぽいところが茎です。地面から下の太くて長いのは根です。タンポポの正真正銘の茎は根と葉の間にあり、とても短いのです。

◆タンポポのからだ

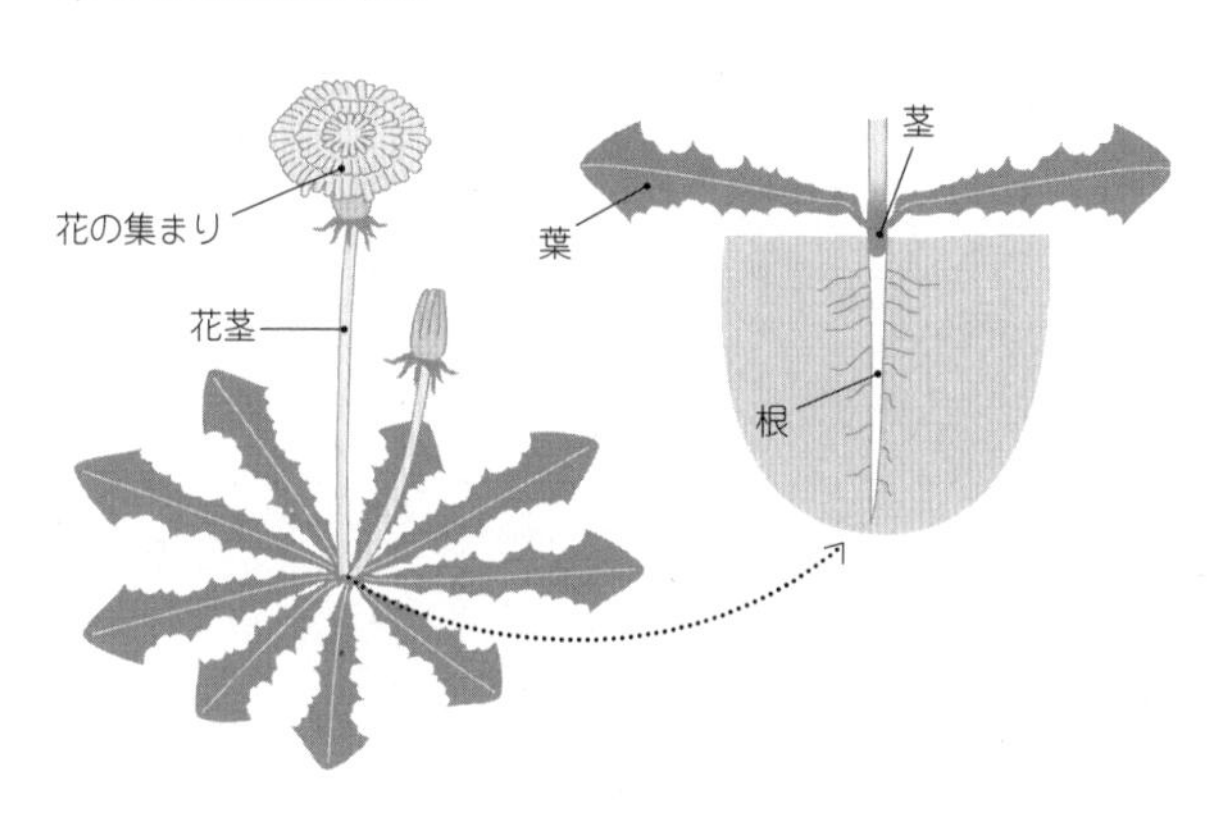

短い茎のメリット

タンポポの葉を真上から見ると、あたかもクモの巣のように平らで、放射状に広がっています。このような葉の広がりをバラの花に見たてて「ロゼット葉」とよび、このような葉のつき方をした植物を生育型としてはロゼット型といいます。

タンポポはロゼット型の植物で、葉のつき方には「光をさえぎるものがない所では、より多くの光を受けることができる」というメリットがあります。一枚のタンポポの葉に注目すると、茎に近いほうから先に向かって、幅が広くなっていることがわかります。このことも、より多くの光を得るために役立っています。

植物のからだは「栄養分をつくる葉」と「栄養分を使う根・茎・花など」の部分に分けることができます。緑の茎や実などでも光合成がおこなわれていますが、その量は少なく、光合成のほとんどは葉でおこなわれています。

タンポポは地面近くに葉を広げているために、ほかの植物に取り囲まれると光を得られなくなります。そうすると、少しでも光を得ようとして、葉を立てたりします。それでも背の高い植物が多くなると、ついには枯れてしまいます。そのため、タンポポは背の高い植物が多い場所では生育できません。

タンポポは、道ばたや空き地でたくさん見られます。道ばたや空き地の草は、人によく踏まれます。高くなる茎を持つ草は踏みつけられると簡単に折れて、枯れてしまいます。ところがタンポポは茎が短いので、葉がちょっと傷むだけで枯れません。

また、道ばたや空き地は夏を中心に草刈りや草むしりがよくおこなわれます。草刈りのとき、ロゼット型のタンポポは背が低いので、葉が全部刈られることからまぬがれます。タンポポは根が深くまであり、簡単には抜けません。

◆ オオバコのからだ

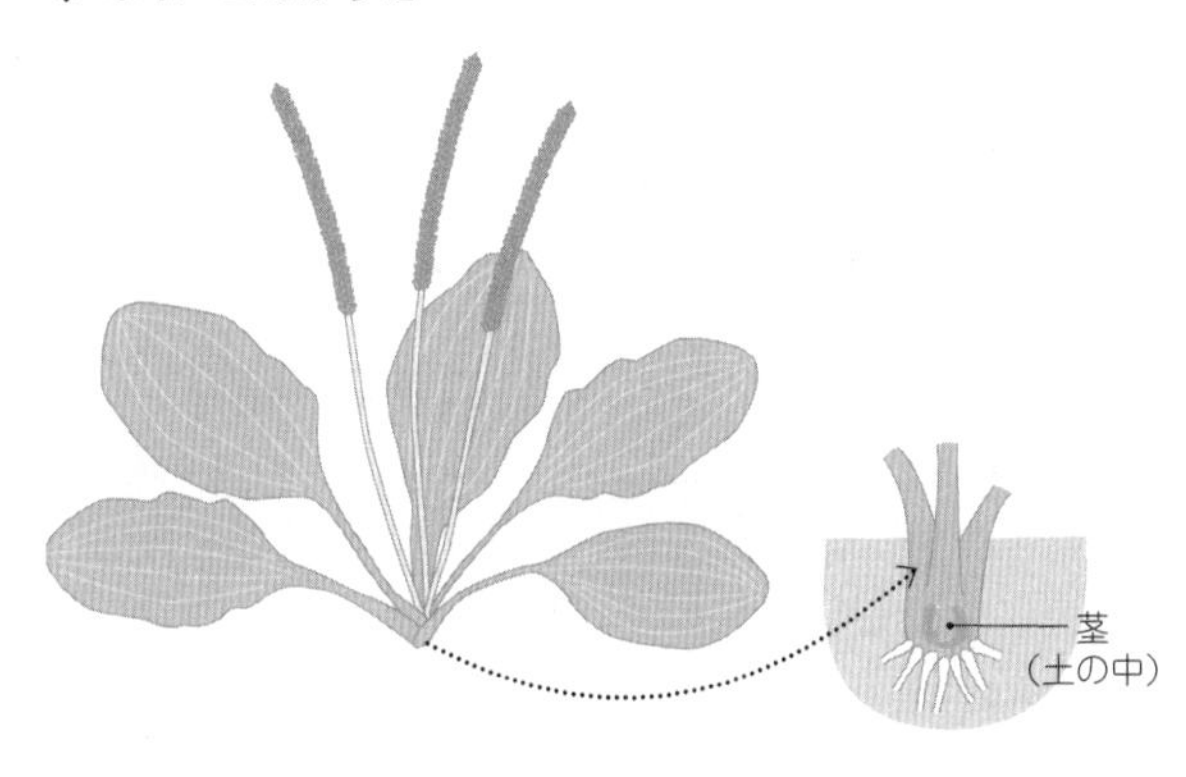

ロゼット型は、茎が短いという特徴を活かし、背の高い植物が暮らせないような環境で生育しているのです。

オオバコは人が踏む場所に広がる

オオバコもロゼット型の植物です。背の高さはせいぜい一五センチメートルくらいで、茎はとても短いのです。

オオバコが成育するグラウンドや公園、道ばたにはオオバコを日かげにする植物は生えていません。少し大きくなった植物は、人間によって踏みつけられたり、草刈りや草むしりをされたりして、枯れてしまうからです。オオバコは踏みつけられても、草刈りや草むしりをされても、そう簡単には枯れません。

オオバコの穂をからませて、ひっぱり合う「草ずもう」をしたことがある方もいるのではないでしょうか。

オオバコの種子は、穂についている三ミリメートルほどの小さな実の中にできます。実はふたつきのコップのような容れものになっています。

ふたがとれると種子がこぼれ落ちます。種子は水に浸かると、まわりがねばねばするようになります。ねばねばした種子は靴の底にくっつき、人が歩くような場所に運ばれていきます。

そういう人の踏みつけがあるような場所は、オオバコが暮らせる場所なのです。

踏んでくれると助かるんだけど
お言葉に甘えて……

土の中の生物たち

新しい落ち葉と古い落ち葉

秋になると、森林には落ち葉がどんどんたまっていきますが、森が落ち葉であふれかえるということはありません。落ち葉はどこに行くのでしょうか?

落ち葉がたまっている様子を観察すると、表面の新しい落ち葉は乾いており、その形を保っていますが、新しい落ち葉の下では、古い落ち葉が水分を含んでいて柔らかくなっていますし、葉の形も崩れています。さらにその下には、もっと黒みがかって細かく砕かれた落ち葉があり、葉に白いカビのようなものがついているものも見られます。

そして土の黒い部分の一番下のほうでは、落ち葉の形はなくなり、黒っぽいふわふわした土のようになっています。

落ち葉が土のようになるまでの間に、土の中の生物たちが関係しています。

◆ 落ち葉から土へ

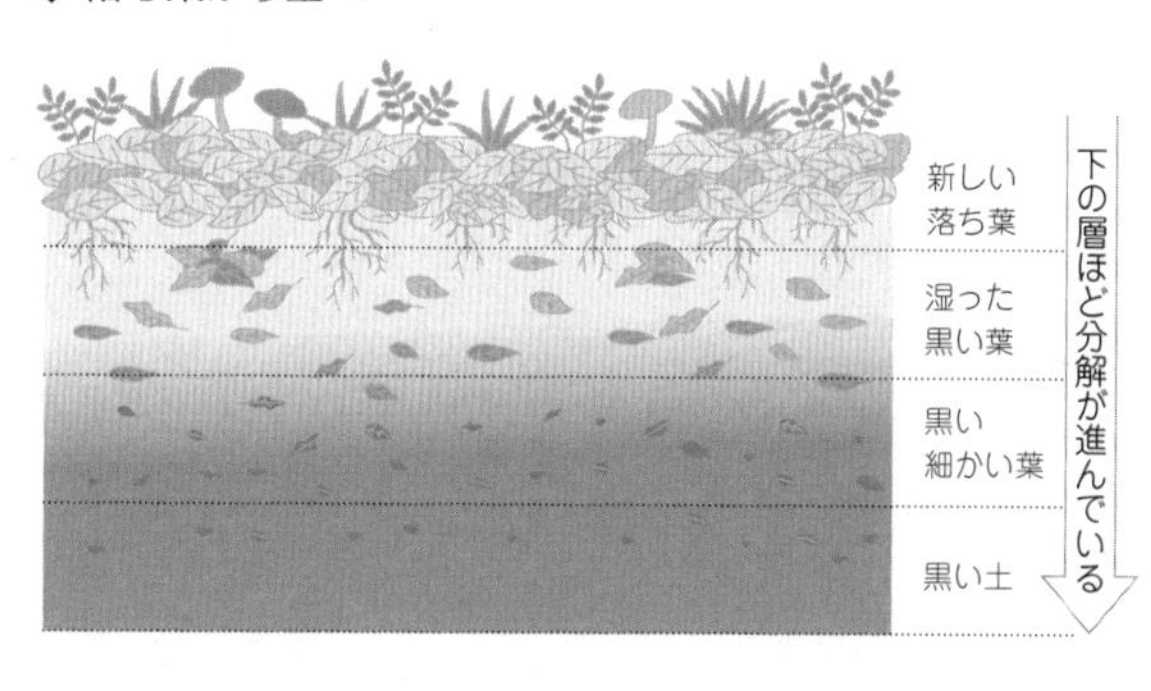

森の中では落ち葉を栄養にして生きている生物がたくさんいます。落ち葉はキノコやカビ、あるいはバクテリアの栄養になっています。落ち葉を栄養源とする生物には、体長が〇・二〜二ミリメートルくらいのトビムシ、ササラダニ、線虫などがいます。もう少し大きい小動物にはヒメミミズ、ミミズ、ヤスデ、ワラジムシ、シロアリなどがいます。

これらをエサにしているのはジムカデ、イシムカデ、クモ、ザトウムシ、ハネカクシ、オサムシ、アリなどです。そして土の中で一番強いのが、体長が約一〇センチメートルにもなるモグラやジネズミ、カエル、トカゲなのです。土の中の小動物の世界にも食物連鎖があるのです。

土の中の食物連鎖の最下位の小動物は前述のト

◆土の中の生物たち

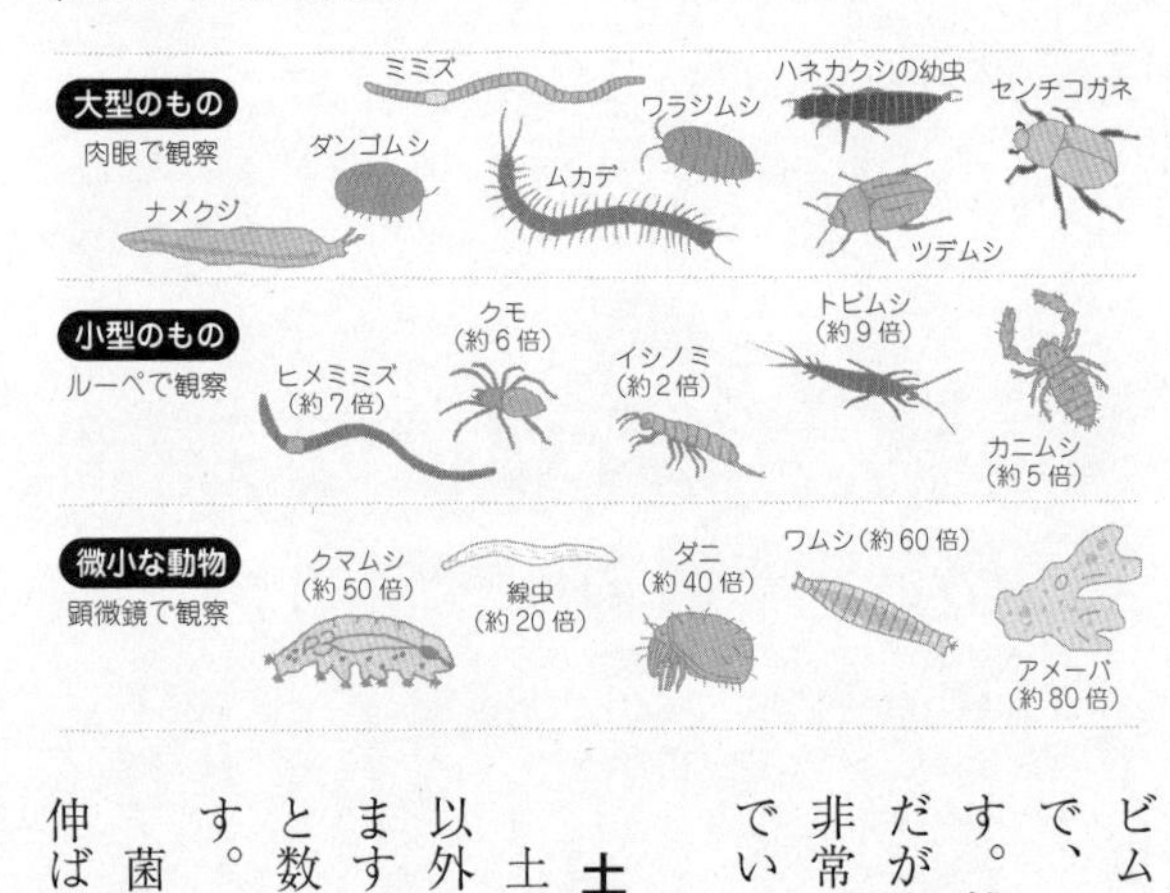

ビムシ、ササラダニ、線虫、ヒメミミズなどで、土の中ではとても数の多い動物たちです。捕食される数も膨大ですが、彼らはからだが小さく、すぐ親になって卵を産むので、非常に増えやすいのです。だから、滅びないでいられるというわけですね。

土の中の微生物

土の中には、これまで登場した小さな動物以外にも、大量の菌類や細菌類が生活しています。一グラムの土の中には、数百万の菌類と数十億の細菌類がいるといわれているのです。

菌類はカビやキノコの仲間で、白い菌糸を伸ばして落ち葉などにくっつき、これを分解しています。また細菌類には納豆菌や乳酸菌などがあり、動物の死がいやフンを分解しています。

菌類や細菌類は自分のからだの表面から消化液を出して、落ち葉や動物の死がい、フンをブドウ糖やアミノ酸などに分解します。

そして、ブドウ糖やアミノ酸を自分のからだの表面から吸収して、栄養にしています。その結果、落ち葉や動物の死がい、フンなどの有機物は、水や二酸化炭素や窒素の化合物のような無機物にまで分解されているのです。

ミミズは優れた耕作者

大雨の降った後に……

大雨の降った後に道を歩いていると、大きなミミズに出合うことがあります。ミミズは地表から一〇～一二センチメートルくらいの深さのところにすみ、昆虫などの死がいや腐った植物などが含まれた土を食べてはフンをしています。一日当たりにミミズがするフンの量は、体重の二分の一から体重と同量程度になります。

北海道の牧場での調査では、一平方メートル当たりの地表にすむミミズの総重量は平均四四グラムでした。これをテニスコートの広さ（約二六〇平方メートル）の畑で考えてみましょう。一日に体重と同じ量のフンをするとしましょう。

一日当たりのミミズのフンは、四四グラム×二六〇＝一万一四四〇グラム（一一・四四キログラム）。一カ月にすると、一一・四四キログラム×三〇＝三四三・二キログラム。一年間では、ミミズの活動期間は四月から十一月までの八カ月ぐらいですので、三四三・二キログラム×八＝二七四五・六キログラム（約二・七五トン、小型ダンプ一台分）となります。

別の調査では、一平方メートル当たりのミミズの総重量が一八五グラムというデータもあります。この場合だと、先ほどの調査の四四グラムの四倍以上になり、年間一一・五トンにもなるのです。

この結果、十年経つと地表一〇センチメートルまでの土は、すべてミミズがつくった良好な土になるそうです。ミミズはこうして土を耕しているわけですが、では、ミミズの耕した土はどんな点で優れているのでしょうか？

ミミズは、すきまの多い土をつくる

ミミズのフンでできた土は、すきまの多い、ちょうどおだんごがたくさん集合したような「団粒構造」をしています。

すきまがたくさんあるので水や空気の通りもよく、植物の根にとって居心地のいい環境になります。また、一つ一つのおだんごの中に水を閉じ込めておけるので、土がすぐに乾いてしまう心配もありません。

◆ ミミズ

さらには、おだんごの集合体の内側と外側では異なる種類の細菌がつくので、土の中に多種類の生物がすむことのできる安定した土になります。

このように、土の中にすむミミズは、私たちの知らないところで立派な働きをしてくれているわけですが、戦後の日本では農薬や化学肥料をたくさん使うようになり、ミミズたちのすみにくい畑が増えてしまいました。

ミミズの減った畑では、大切な団粒構造も崩れてしまいました。こうなると病気にかかりやすい弱々しい作物しか育たないので、農家の人たちはさらに毒性の強い農薬を畑にまくようになったのです。

しかし、最近ではミミズの優れた働きがよ

く知られるようになり、「ミミズがすめる畑を取り戻そう」という動きも進められています。

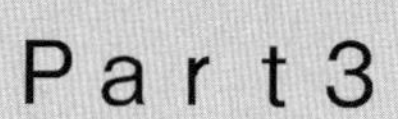

Part3

面白くて
眠れなくなる理科

ろうそくは芯がなくても燃える!?

ろうそくが燃えるしくみ

日本でも外国でも、ろうそくは昔から明かりとして利用されてきました。ろうそくは、燃料となる「ろう」の部分と「芯」の部分からできています。現在のろうそくは、石油からつくられるパラフィン（炭素と水素が結びついた分子からできている）を主成分として利用しています。

昔はハゼという植物の実からとったろうや、ミツバチの巣から得られる蜜ろうを使っていました。

ろうそくの芯に点火すると、芯にしみ込んでいたろうは液体になり、さらに気体になって燃えます。

その熱で近くのろうが液体になり、毛細管現象で芯を上ります。このくり返しで燃え続けるのです。

ろうそくが燃える様子を詳しく見てみよう

ろうそくの芯に火をつけて燃える様子を観察してみます。ろうそくの炎をよく見ると、強く輝くところ、輝きの弱いところ、炎の色があまり見えないところの三つの部分に分かれていることがわかります。炎の最も内側を炎心、最も外側を外炎といい、その間に内炎があります。

芯のまわりでは、ろうが溶けて透明な液体がたまっています。この液体の部分にチョークの粉をぱらぱらと入れると、粉は芯に吸い寄せられて、液体が芯を上がっていく様子がよくわかります。上がっていった液体は、熱で気体にされます。

炎心はまだ燃えていない気体です。ですから、炎心にガラス管を差し込み、気体を取りだして火をつければ燃えるのです。

ろうそくの炎は、どうして三つの部分に分かれるのでしょうか。

まず、炎心はろうの気体です。

炎心の気体に空気中の酸素が衝突して、燃焼が始まります。ここでは、まだ酸素が足りなくて、すす（炭素の細かい粒）を出しながら燃えます。不完全燃焼が起こ

◆ろうそくの炎

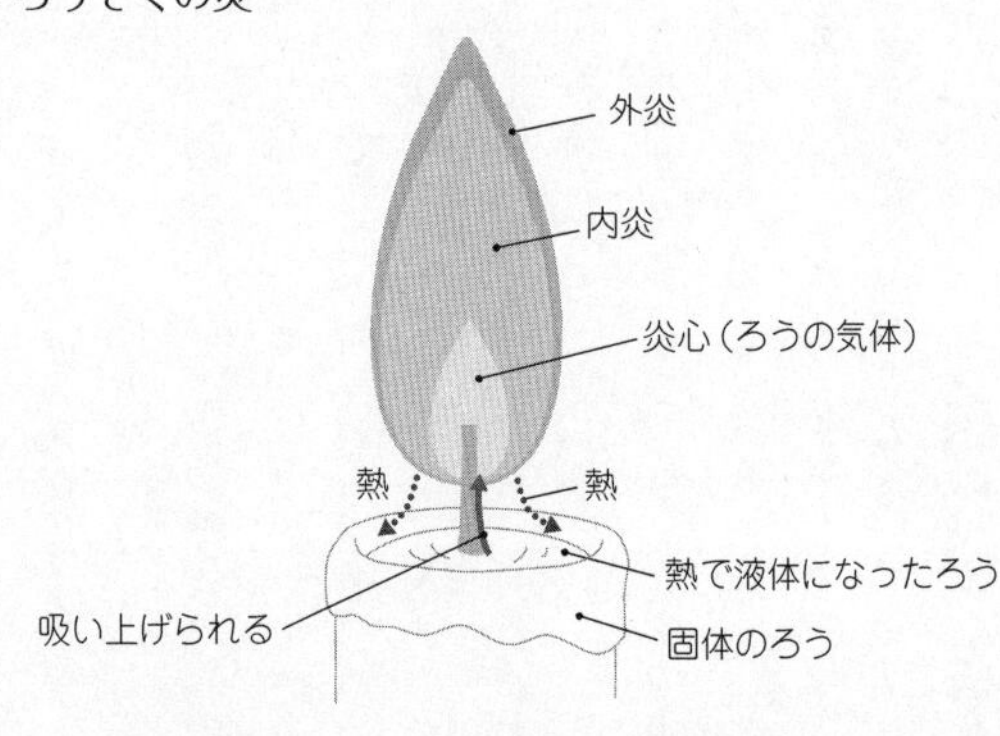

っているのです。炭素の細かい粒は、熱せられて赤く輝いて見えます。これが内炎の部分なのです。

ろうの中で炭素は水素と化合物になっているので、本来の色（黒色）を現しません。内炎の部分でろうが分解されると、炭素の細かい粒が生じるのです。外炎の部分は空気と十分に接触するので、完全燃焼をして無色の炎となります。

炎を上げて燃えていると、ろうそくはどんどん減っていきます。炎の中では、ろうの気体と酸素が新しい別の物質に変化しています。化学変化が次々と起こっているのです。

ろうの気体分子と酸素分子が衝突すると、炭素は酸素と結びついて二酸化炭素に、水素は酸

◆ ろうそくの炎の中で起こっていること

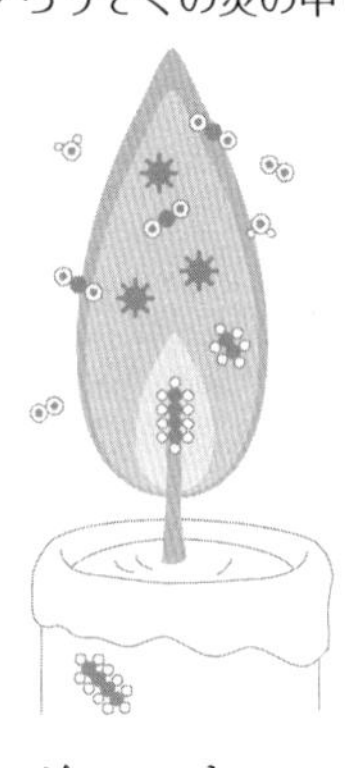

素と結びついて水になります。そのとき、熱や光が放出されます。

芯がなくてもろうは燃える？

芯を引き抜いたろうそくに点火しようとマッチの火を近づけても、火の近くが少し溶けるだけで燃えだしません。

ろうは、そのままで燃えることはないのでしょうか？

ろうを金属スプーンに取って熱してみると、ろうは溶けて液体になり、さらに白い煙が出てきます。

白い煙はろうの気体ではなく、ろうの気体が冷えてできた液体か固体の小さな粒でできています。その煙に火をつけると、まわりにあるろうの気体が燃えだします。

試験管の中にろうを入れて熱して、口から白い煙が出てきたところに点火しても燃えます。つまり、ろうは「気体」にすることができれば燃えるのです。

芯があると、熱が芯にしみ込んだ少量のろうを気体にしやすく、次々に液体のろうが芯を上ってくるので燃やしやすいのです。

鍋物を固形燃料で温めるのを見たことはありませんか？

固形燃料には芯がありません。メタノール（燃料用アルコール）を固形化（ゲル化）したものです。メタノールは気体になりやすいので、芯がなくても火を近づければすぐに気体になって燃えるのです。

芯にも大切な
役割があるんだね

酸素と二酸化炭素を半々に混ぜた瓶

ろうそくをさまざまな瓶に入れてみる

空気中で火をつけたろうそくを酸素だけが入った瓶に入れてみると、ろうそくの炎は明るくまぶしい光になり、空気中よりもよく燃えます。

燃やした後、瓶の中に石灰水を入れて振ると、石灰水が白くにごります。二酸化炭素ができたからです。

次に、空気中で火をつけたろうそくを二酸化炭素だけが入った瓶に入れてみましょう。すると、すぐにろうそくの火は消えてしまいます。

つまり、酸素の中では（燃える）物質は空気中よりも激しく燃えるということです。

それでは、酸素と二酸化炭素を半々に混ぜた気体の中に入れると、空気中と比べてろうそくの燃え方はどうなるのでしょうか？

空気中の酸素は全体の約二一パーセント、二酸化炭素は〇・〇四パーセントですが、ここではどちらも全体の五〇パーセントになるということです。

以下の予想から選んでみましょう。

ア よく燃える
イ 同じくらい
ウ 弱く燃える
エ 消える

まず瓶いっぱいに水を入れます。その水をメスシリンダーに入れて体積を量ると、瓶の容積がわかります。そして瓶の容積の半分の量の水をメスシリンダーに取って、瓶に移します。水面の高さに油性インクで印をつけるか、輪ゴムをはめます（これが瓶の容積の半分の目印になります）。

次に、瓶いっぱいに水を入れて、水がこぼれないように瓶の口をふさぎながら、水槽の中に瓶の口を下にして逆さに瓶を入れます。

◆ 酸素50%、二酸化炭素50%の気体の中にろうそくを入れると……

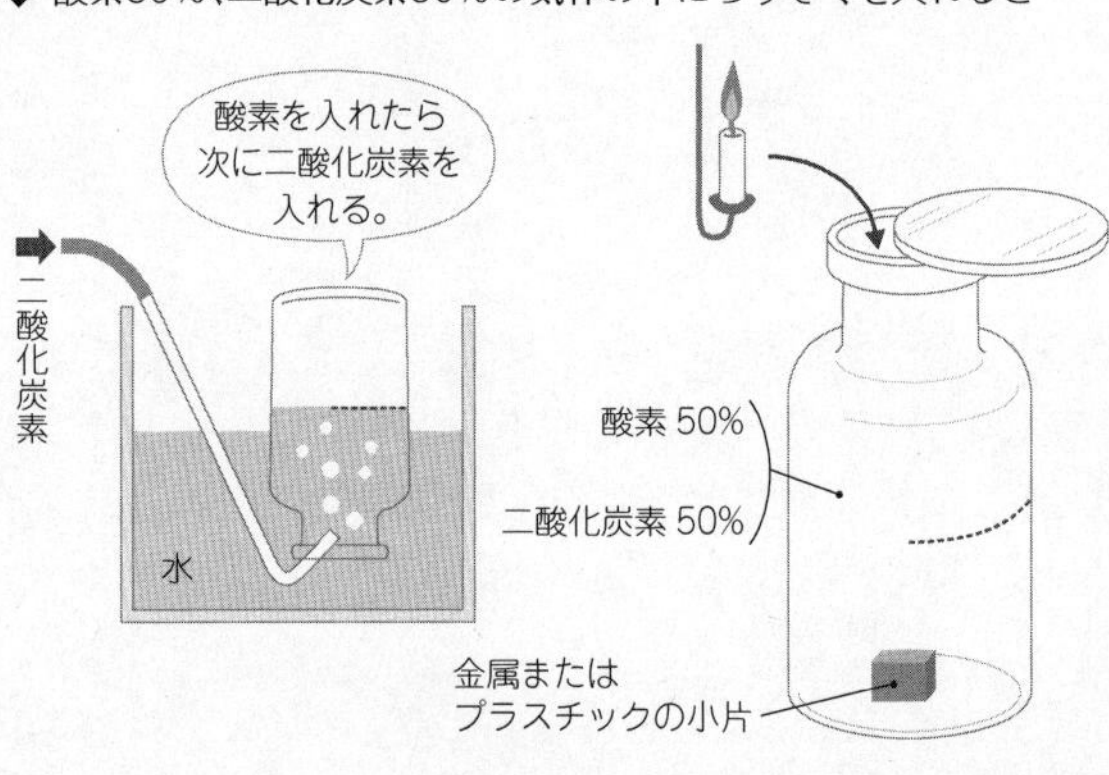

目印を見ながら、瓶の半分まで酸素を入れます。次に、ちょうど瓶が気体でいっぱいになるまで二酸化炭素を入れます。これで瓶の中には酸素と二酸化炭素が半々に入りました。

口にふたをして、水中から出します。ふたをほんの少しずらして、中にプラスチックか金属の小片を入れてふたをして、瓶を振ります（これで酸素と二酸化炭素がよく混ざります）。この瓶の中にろうそくの炎を入れるのです。

試してみると、空気中よりも炎の輝きが増しました。空気中よりもよく燃えるということです。

ですから、答えはア（よく燃える）です。

空気中で最も多い気体は窒素で、乾燥空気では全体の約七八パーセントを占めます。ろうそくの炎を窒素だけを入れた瓶に入れると、二酸化炭素のときと同じように消えてしまいます。

ろうそくは、空気中の約二一パーセントの酸素の働きで燃えるのです。窒素も二酸化炭素も、ろうそくが燃えない気体です。

「二酸化炭素は酸素の燃やす働きを打ち消す」と思ってしまいがちですが、二酸化炭素の中では「燃えない」だけなのです。

酸素と二酸化炭素が半々あると、酸素の割合が空気中よりもずっと多いので、ろうそくは空気中よりもよく燃えるのです。

「燃える」の科学

スチールウールはちかちかと……

汚れ落としなどで使われる、スチールウール。「スチール」とは鋼(はがね)です。鋼は二パーセント以下の炭素を含む鉄のことで、鉄の性能を上げたものです。「ウール」は羊毛。スチールウールは、特殊鋼を髪の毛より細く、長い繊維状にしたもので、綿のように柔らかい弾力性を持っています。

スチールウールは「ペイント（塗料）をはがす」「金属を磨く、金属のさび落とし」「家具や木工品を磨く、仕上げる」「石材や床を磨く、掃除する」ことなどに使われます。用途によっていくつか太さが違うものがあります。

ここでは、家庭用に使われるスチールウールを取り上げましょう。

鉄の場合、くぎなどの鉄の塊が空気中で燃えだすことはありませんが、酸素の中では燃えやすくなります。例えば荷札用の細い針金なら、酸素中で激しく燃えるのです。

酸素が約二一パーセントの空気中でも、鉄線や鋼鉄線が細ければ燃えだすことがあります。実際、古タイヤの集積場でタイヤが燃えだしたことがあります。これは、タイヤに含まれている鋼鉄線が自然発火したと考えられています。

家庭用のスチールウールに火をつけるとすぐに消えてしまいますが、次のようにすると最後まで燃焼します。

スチールウールの一塊の二分の一から三分の一をむしり取り、スチールウールをできるだけほぐします。たとえていうと「綿あめ」のように、できるだけすきまをつくります。

金属製のバットなどの上に、ほぐしたスチールウールを置いて火をつけます。すると、スチールウールはクリスマスツリーの明かりのように、ちかちかと燃え広がっていきます。

ものが燃えるための三条件は、

①燃えるものがある

②酸素がある

③燃え続ける温度が持続する

ことです。

綿あめのようにほぐすと、密集しているときよりも酸素が補給されやすくなるのですね。また、金属は熱を伝えやすいため、密集していると、お互いに接触している部分を通って熱が逃げやすくなるのです。それで冷えてしまうので燃え続ける温度を保持できなくなります。

スチールウールの燃焼後は……

細長い棒の両端に燃える物質をぶら下げて、中心で支えてつり合わせ、一方を燃やすとどうなるでしょうか。燃える物質が、ろうや紙、木の場合、燃やしたほうはずっと軽くなってしまいます。

それでは、両端にほぐしたスチールウールをぶら下げてつり合わせ、一方に火をつけると、燃えた後はどうなるでしょう?

以下の予想から選んでみましょう。

◆ スチールウールが燃えた後、重さは？

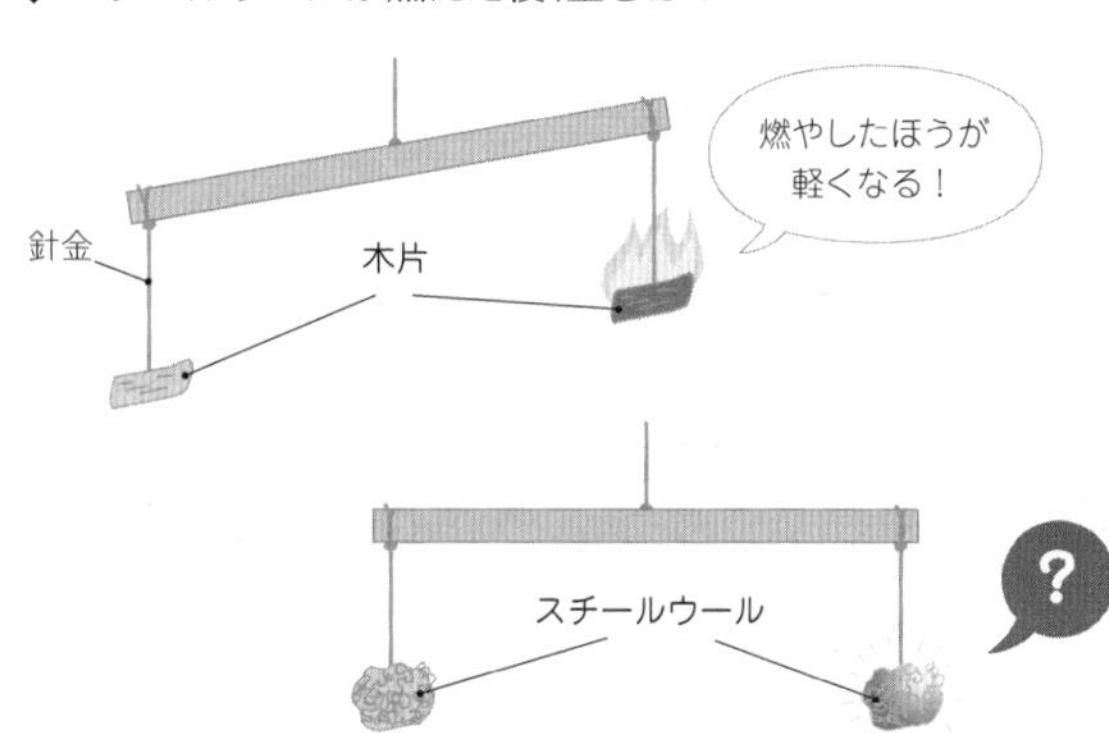

ア 火をつけたほうが軽くなる
イ 火をつけたほうが重くなる
ウ 変わらない

ろうや紙、木と同じならば、答えはア（火をつけたほうが軽くなる）になるはずです。ろうや紙、木は有機物（炭素を中心に水素などが結びついた物質）です。燃えると成分の炭素は二酸化炭素に、水素は水（温度が高いので水蒸気）になります。

スチールウールの場合は、ほとんどが鉄でできています。鉄は燃えた後に重くなるのです。この場合は、燃えてできた物質が「酸化鉄」という固体であることに秘密があります。

ろう（炭素＋水素）＋酸素→二酸化炭素＋水＋熱・光
スチールウール（鉄）＋酸素→酸化鉄＋熱・光

ろうの場合、できた二酸化炭素や水（水蒸気）は気体なので、まわりに逃げていってしまい、燃える前より軽くなります。しかし、スチールウールの場合、酸化鉄は逃げていかずにその場所に残るのです。しかも、もとの鉄に酸素が結びつきます。酸素にも重さがあるので、空気中から鉄に結びついた酸素の分だけ重くなるのですね。

ですから、答えはイ（火をつけたほうが重くなる）です。

瓶の中でスチールウールを燃やし、燃えた後の気体には二酸化炭素があるかどうかを石灰水で調べてみました。石灰水を入れて振っても白くにごりません。

実はスチールウールにはわずかに炭素も含まれており、二酸化炭素もできているのですが、石灰水で検出できるレベル以下なのです。

なお、酸化鉄には何種類かあります。スチールウールが燃えてできる酸化鉄では、酸化鉄（Ⅲ）Fe_2O_3、次に四酸化三鉄 Fe_3O_4 の順で多かったという分析結果があります。

使い捨てカイロの反応は複雑

鉄くぎは空気中で燃えだすことはありませんが、さびることがあります。燃焼と比べるとずっとおだやかな反応で光は出ません。しかし、熱が発生します。おだやかな反応の場合も熱は発生していますが、発生した熱量が少ないので感じられないだけなのです。

このときに出る熱を利用しているものに「使い捨てカイロ」があります。「使い捨てカイロ」には、鉄粉、食塩水をしみ込ませた保水剤（バーミキュライトという、観葉植物の保水土に使われる土）、活性炭などが入っています。鉄線ではなく、鉄粉を用いるのは表面積が大きく、それだけ酸素と化合しやすいからです。

食塩水には反応を促進する働きがあり、海岸に近い場所では、塩分を含んでいる海水のしぶきで、車などがさびやすくなります。

カイロの袋を開けると、鉄粉と空気中の酸素と水が反応して熱が出ます。鉄粉が全部反応してしまうともう熱は出ないので、カイロは一回きりの使い捨てなのです。

使い捨てカイロなどの鉄がさびる反応は、鉄と酸素と水が関係した複雑な反応です。分析の結果によると、主にできるのはオキシ水酸化鉄の中のβ-FeOOHということです。これは鉄と酸素と水が反応して発生するものです。ほかに四酸化三鉄などもできます。

本当に酸素が使われている?

スチールウールが燃えると、本当に酸素が使われるのでしょうか?

スチールウールは燃焼後に重くなることから「何かがつけ加わった」→「空気中の酸素に違いない」と考えるのですが、それが本当かどうかを実験で確かめてみましょう。

バットに針金で台をつくって水を少し張ります。

酸素を入れた瓶を用意しておきます。

台にスチールウールを取りつけ、火がつきやすいように少しほぐしておきます。

スチールウールに火をつけて、用意した瓶をすぐにかぶせると、どんなことが起

◆スチールウールの燃焼に酸素は使われているのか？

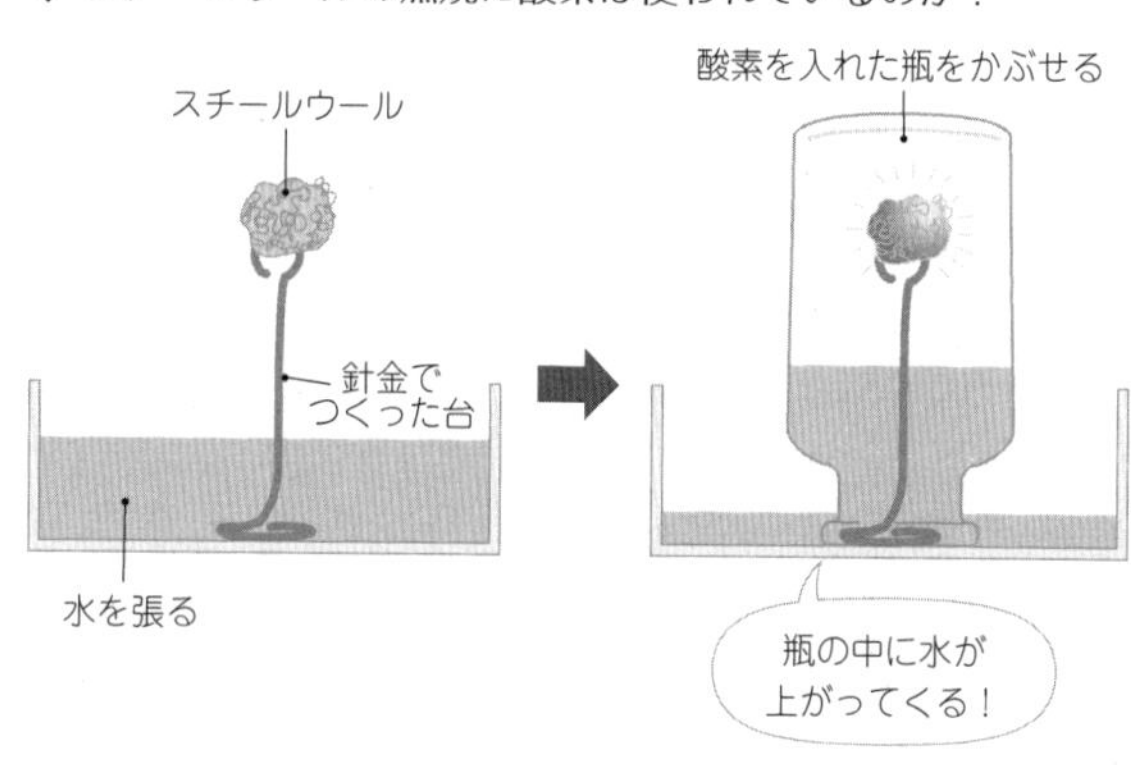

こるでしょうか？

瓶をかぶせると、燃えているスチールウールのまわりは酸素だけになるので、スチールウールは空気中よりも激しく燃えます。そのときに使われるのは、瓶の中の酸素のはず。もし本当に酸素が使われれば、酸素が減った分だけ瓶の中に水が上がってくるはずです。

実験をしてみると、実際に水は上がってきます。

炭素で同じ実験をすると……

ほとんど炭素でできている木炭でこれと同じ実験をしてみましょう。

木炭に火をつけて、酸素を入れた瓶をかぶせます。燃えている間の様子として、次のどれが一番近いでしょうか?

ア　水が上がる
イ　水が下がる（瓶の中の気体が増える）
ウ　変わらない

木炭の燃焼の反応式を見ると、酸素が使われた分だけ二酸化炭素ができます。

炭素+酸素→二酸化炭素+熱・光

二酸化炭素は、酸素などより水に溶けやすい気体です。できた二酸化炭素はどんどん水に溶けて、酸素が使われた分だけ水が上がるとも考えられます。

実際に実験してみると、燃えている間は水が上がらないどころか、よく見ると瓶のふちから気体が泡になって少し出ていきます。

火のついた木炭に酸素を入れた瓶をかぶせると、激しく燃えて温度が上がり、中の気体が膨張します。酸素が使われて二酸化炭素ができるのですが、二酸化炭素が水に溶けるよりも前に、酸素と二酸化炭素が熱膨張するほうが優勢になってしまうのですね。

ですから、答えはイ（水が下がる）になります。

しかし、火が消えると、少し水が上がってきます。温度が下がって、膨張した気体が収縮するからです。また、わずかに二酸化炭素が水に溶けた分もあるでしょう。

多くの科学者が信じた「フロギストン説」

ものが燃えること——すなわち「燃焼」は人類が知った最も古く、また最も重要な化学変化（新しい物質ができる変化）でしょう。

おそらく人類は、火山の噴火、あるいは落雷によって山の木が燃えだしたといったような自然の火災から、燃焼という現象を発見したのだろうと推測されます。その後、人類は木と木を摩擦すること、石と石とをたたきつけることによって火をつくりだす方法などを発見しました。

燃焼が空気中の酸素による物質の酸化によるものであることがわかったのは、十八世紀も終わりの頃です。

十八世紀末までは「燃えるものは灰とフロギストン（燃素）からできていて、ものが燃えるのはフロギストンが放出されるから」という燃素説が支配的でした。

当時考えられたフロギストンとは次のようなものです。

①動物・植物・鉱物・空気の中にフロギストンと名づける極度に微細な物質が含まれている。それは単独では感覚によってまったく知覚されず、空気のような弾性を備えていない。
②フロギストンは火の原動力である。
③それは色の原因である。
④それは可燃性の原質である。可燃物質はフロギストンを含み、燃焼の際、これを失う。
⑤それは不生不滅の物質である。また大気から散逸しない。
⑥金属灰のように不燃性の物質はフロギストンを有さないか、またはその供給

を失った物質である。

⑦木炭、油脂等は特にフロギストンに富んだ物質である。

⑧ある種の金属灰は右記のような物質とともに加熱すると、いったん失ったフロギストンを再び獲得して金属に戻る。すなわち、金属＝灰＋フロギストンである。

⑨フロギストンは化合物をつくる。これが硫酸と結びついたものは硫黄であり、金属灰と化合したものは金属である。

⑩炎ができるためには、フロギストンと空気とが必要である。

⑪フロギストンの粒子が原因となって起こる火の運動は、直線的でなくて円運動である。

簡単にいうと、「燃える物質は〈火のもと〉であるフロギストンを持ち、燃えるとそれを放出する」というのがフロギストン説なのです。

当時の化学者は燃焼に強い関心を寄せており、ダイヤモンドの燃焼や、凸(とつ)レンズを使った太陽光線による燃焼実験をくり返していました。また、金属の灰化にも関心を寄せていました。

フロギストン説によれば、有機物の燃焼も金属のスズの灰化も、有機物やスズからフロギストンが抜けることで起こります。フロギストンは、感覚によってまったく知覚されず、重さもない（ほとんどない）という仮想物質ですが、木などの有機物の灰は軽くなるにもかかわらず、金属からできる金属灰は重くなるというふしぎな事実が残りました。

フロギストン説では、金属灰の重さはもとの金属の重さに比べて軽くならなければなりません。しかし、当時は、燃焼や灰化の前後で正確に重さを量ることは重視されていませんでした。そのため、金属が金属灰になったときの説明が不十分なままフロギストン説は多くの科学者に支持されていたのです。

ラボアジェによるフロギストン説の打破

フランスの化学者ラボアジェは、化学の研究を始めるとすぐに、化学変化を定量的に扱うことに関心を持ち、当時としては最高感度のてんびんをつくらせ、多くの反応の重さ（質量）の測定をおこないました。

◆ ラボアジェによる「レトルトの実験」

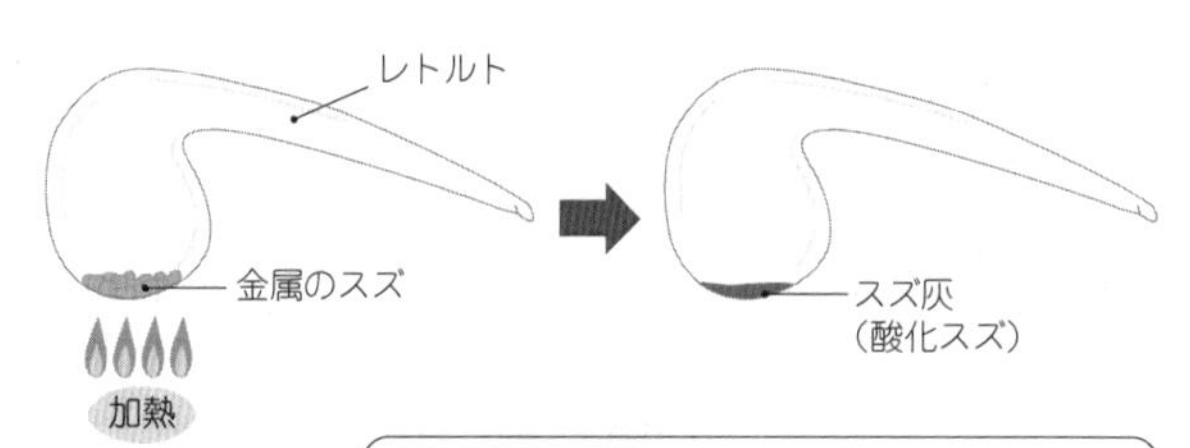

スズ灰の重さ

・密封のまま➡変化なし
・開封すると➡流れ込んだ空気の分だけ重くなる

ラボアジェ
（一七四三～一七九四）

例えば、次のような有名なスズの加熱実験をおこなったのです。

レトルト（球状の容器の上に長くくびれた管が下に向かって伸びているガラス製の容器）にスズを入れて密封し、長時間強熱すると、スズの表面は輝きがなくなり、黒い粉末（酸化スズ）が生じます。この間、重さに変化はありません。冷却後にレトルトを開封すると、音を立てて空気がレトルト内に流れ込みました。はじめのスズよりもスズ灰は重くなっていました。重くなった分が、流れ込んだ空気の重さだったので

◆ ラボアジェによるフロギストン説の打破

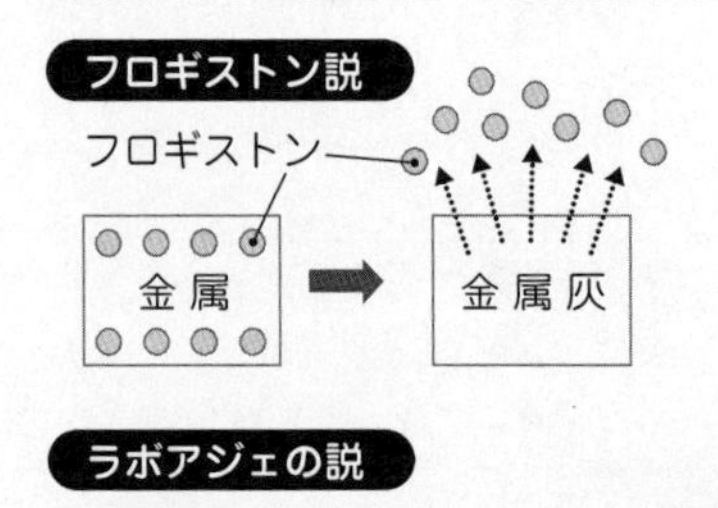

す。

ラボアジェは、この結果から、金属灰（酸化物）は、金属が空気の一部である酸素と化合したためできると考え、この理論を燃焼一般に広げて考えていきました。

ラボアジェによって、燃焼とは「燃える物質と酸素の結びつきであること」が明らかにされました。もうマイナスの質量を持ったフロギストンを考える必要がなくなったのです。

なお、ラボアジェは政府の徴税吏を（ちょうぜいり）していたために、フランス革命時に処刑されています。同じフランスの科学者のラグランジュは「彼の頭を打ち落とすにはほんの一瞬しかかからなかったが、これと同じ頭をつくりだすには百年かけても十分ではないだろう」という有名な言葉を贈りました。「燃焼理論」に輝かしい功績を残した彼の最期としては悲しいものです。

ラボアジェの研究以降、燃焼とは「燃える物質が熱と光を出しながら、空気中の酸素と反応すること」であることが明らかになりました。

水を熱したときに出る泡の正体は⁉

放置した水入りコップの内壁にできる泡

コップに水を入れて放置しておくと、内壁に泡がびっしりつくことがあります。また、鍋に水を入れて火にかけると、沸騰していないのに鍋の内側に泡がついてきます。同じようなことは、お風呂でも経験できます。一番風呂に入ると体毛に細かい泡がつくことがあります。

これらの泡の中身は何でしょうか？　水蒸気も含まれていますが、大部分は水に溶けていた空気（窒素や酸素など）です。

自然にある水は空気と接しているので、必ず一定の割合で空気が溶け込んでいます。私たちが生活している一気圧（一〇一三ヘクトパスカル）、二〇℃のもとでは、水一〇〇ミリリットルに空気が一・九ミリリットルほど溶けています。

水中に酸素を含む空気が溶け込んでいるので、魚など水中の生物は、その溶け込んでいる酸素を取り入れて呼吸することができます。

酸素だけ、窒素だけ、二酸化炭素だけが、一気圧（一〇一三ヘクトパスカル）、二〇℃で水に接しているときは、水一〇〇ミリリットルにそれぞれ三・一ミリリットル、一・六ミリリットル、八八ミリリットル溶けます。六〇℃では、それぞれ一・九ミリリットル、一・〇ミリリットル、三六ミリリットルです。空気は六〇℃では一・二ミリリットル溶けます。

つまり、気体は冷たい水のほうがたくさん溶け込むことができるのです。温度が上がると溶け込める量が減るので、その分が水から泡として出てきてしまいます。

夏、水槽で飼っている魚が水面で口をぱくぱくするのは、水温が上がって溶けている酸素が少なくなっているので、空気中の酸素を取り入れているからです。

冷凍室で氷をつくると、氷の真ん中あたりが白くなる場合があります。氷になっていくときに、水に溶けていた空気が最後に取り残されてしまったのです。試しに水の入ったコップにこの氷を入れると、溶けていくときに氷の中から小さな泡が出てきます。

ぼくは、夏に飲み会で余ったビール瓶をぶら下げて歩いていたら、瓶が突然破裂した経験があります。温度が上がって、溶け込んでいた二酸化炭素が出てきて瓶内にたくさんたまって大きな圧力を及ぼし、ちょっとしたショックで破裂に至ったのでしょう。炭酸飲料入りのガラス瓶では、保管中や運搬中にたまに破裂が起こるようです。

コーラに氷を入れると泡立つのはなぜ？

水への気体の溶け方には、温度の条件以外に圧力も関係しています。気体は圧力をかけるとたくさん溶けるのです。

そのため、サイダーやコーラなどの炭酸飲料は、圧力をかけてたくさんの二酸化炭素を溶け込ませてあります。栓を開けるとシュワーッと泡が立ってくるのは、高圧状態から一気圧になったからです。

一気圧になった場合でも、静かに栓を開けると激しくは泡立ちません。これは、高圧状態から一気圧になっても溶けた二酸化炭素が気体として出てこないで、溶けたままだからです。このことを「過飽和」といいます。

◆ 炭酸飲料にメントスを入れると……

前もって缶や瓶を振っておいたり、あるいは氷や「メントス」（オランダの菓子メーカーが販売しているハッカ系キャンディー）、ラムネ菓子などを入れると、炭酸飲料は激しく泡立ちます。過飽和は安定した状態ではないため、振動や衝撃、泡ができるための「きっかけ」があれば激しく泡立つのです。

沸騰したときの泡の中身は？

鍋に水を入れて熱していくと、温度が高くなるにしたがって、表面から水蒸気になる量が増えていきます。鍋の上に手をかざすと湿っぽくなってきます。

一〇〇℃になると、水中から盛んに泡が

出てきます。この状態を「沸騰している」といいます。沸騰は、液体内部で液体から気体になる変化が起き、それが泡になって表面に出ていく現象です。

泡の中身は、空気ではなくて水蒸気です。ぼくは「沸騰しているときの泡の中身は何か?」という問題を試験に出したことがあります。

ア 空気
イ 水蒸気
ウ 水素と酸素

答えはイ（水蒸気）ですが、ア（空気）と答える生徒が多かったのです。

沸騰はすべての水がなくなるまで続きます。蒸発してしまうまで一〇〇℃のままです。加えられた熱（エネルギー）が、液体の水分子同士の結びつきを切断して、ばらばらの水分子（水蒸気）にするのに使われるからです。

やかんで水を沸騰させた場合を考えてみましょう。

やかんのふたの内側では、水蒸気が凝縮（気体から液体になること）して水滴が盛

◆やかんの湯気

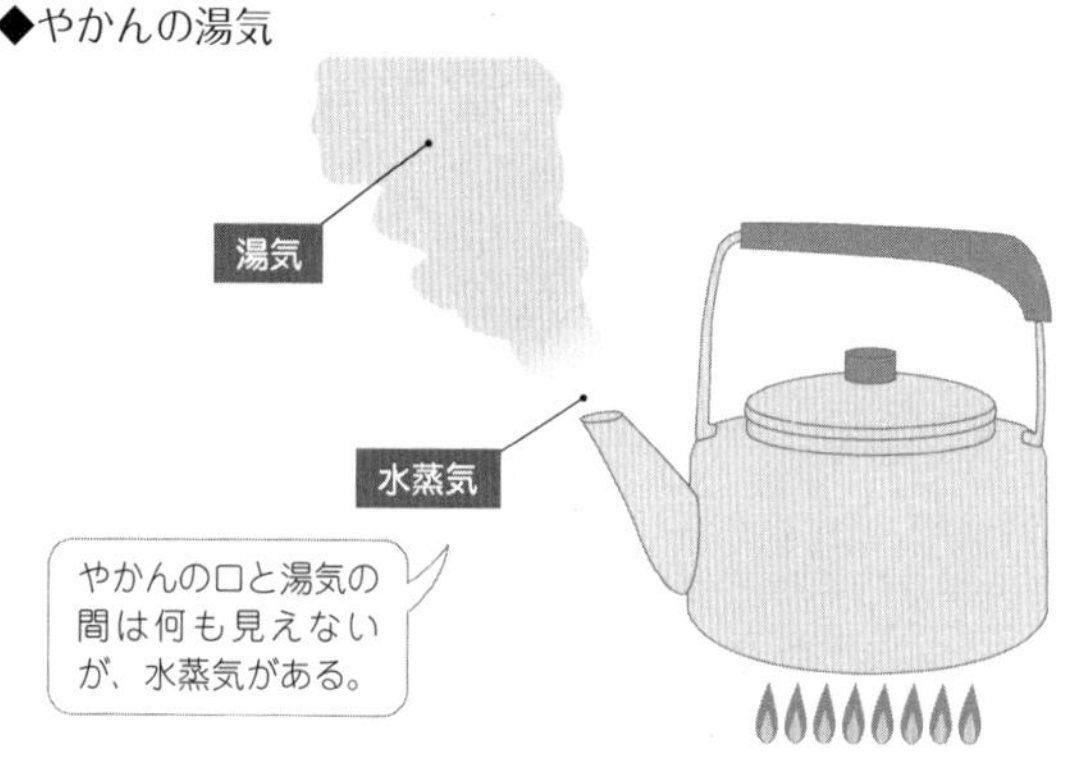

んにできています。さらに水蒸気は、ふたを持ち上げようとする力を及ぼします。

やかんの口付近を見てみましょう。白い湯気が見えます。でも、よくよく見てみると、口と湯気の間に何も見えない透明な部分があることがわかるでしょうか。

白く見える湯気を「水蒸気」と考えてしまいがちですが、湯気は細かい水滴、液体の粒です。水蒸気は無色透明で目に見えません。とても小さな水分子が、ばらばらにびゅんびゅん飛んでいる状態です。

やかんの口から出た水蒸気は、すぐに冷やされて、膨大な数の水分子同士が結びついて水滴になります。これが湯気なのです。

眼鏡をかけた人が熱いラーメンを食べると、あっという間に眼鏡が曇ってしまいます。熱いラーメンから出た、目に見えない水蒸気が眼鏡で冷やされて水滴になったのです。

眼鏡が白く見える「曇り」ややかんの口の湯気は、一粒一粒はちゃんと無色透明の液体の水ですが、水滴が光をさまざまな方向に反射するため白く見えるのです。無色透明の氷も、小さく砕くと白く見えるのと同じことですね。

空に浮かぶ雲は、雲粒という粒からできています。雲粒は水滴のものと氷粒のものとがあります。

物質は温度によって固体、液体、気体の三つの状態をとりますが、気体は「分子がばらばら・びゅんびゅん」状態のため、透明で粒は目に見えないのです。気体には塩素ガスのように黄緑色のものもありますが、その場合も透明で粒は見えません。

このように気体には無色透明のものと有色透明のものがあります。

沸騰のしくみ

沸騰という現象は、どんな条件が揃ったときに起こるのでしょうか？　一気圧のときの水の沸騰を考えてみましょう。

沸騰を理解するためには、圧力について知っておく必要があります。私たちが生活している空間では、どこでも一気圧の圧力（大気圧）がかかっています。大気圧は、大気の重さによって生じる圧力で、空気の分子がさまざまな方向からぶつかり、押すことで生じます。

この一気圧は水にもかかっています。鍋の中に入れた水のどの部分にも一気圧かかっているのです（水には深さによる水圧もかかっていますが、ここではそれは無視します）。

空気が含むことのできる水蒸気量（圧）には、温度によって限りがあります。その限界まで水蒸気を含んだ状態の水蒸気の圧力を、飽和水蒸気圧といいます。

水の内部に、小さな水蒸気の泡ができたとしましょう。その泡の飽和水蒸気圧が一気圧より小さいときには、外側の圧力（＝一気圧）により押しつぶされてしまいますから、泡はできません。

◆ 沸騰のしくみ

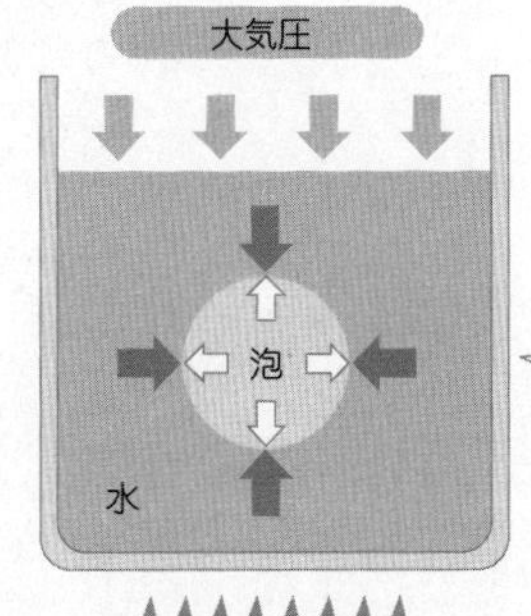

水は一〇〇℃のときの飽和水蒸気圧が一気圧です。そのときに、泡の中からの圧力と外からの圧力がつり合うことになります。そうすると、泡は水の内部に存在できることになるのです。逆にいうと、飽和水蒸気圧が一気圧になるときの温度が一〇〇℃、つまり水の沸点です。

大気圧が変われば、沸騰する温度が変わります。高山に登ると、大気圧は一気圧よりずっと小さくなります。例えば三七七六メートルの富士山の山頂では約〇・七気圧になり、水は八七～八八℃で沸騰するようになります。普通より一二～一三℃低い温度で沸騰してしまうために、お米が十分に炊けずに芯が残ったりします。

富士山並みの高度で暮らす北インドのラダッ

ク地方（高度三五〇〇メートル）の人たちの家庭を訪問したことがありますが、台所には圧力釜がならんでいました。圧力をかけて料理する圧力釜ならば、一〇〇℃を超える温度で沸騰するようになります。

角砂糖を水に入れたときに起こっていること

物質を溶かす水の能力

地球を覆っている水は「生命の母」といわれます。地球が誕生してから六億年ほど経った頃、つまり今から約四十億年前に、海で生命が誕生したと考えられています。

生命の材料になるアミノ酸などがどこでできて海に運び込まれたかについては、地表から、海底から、そして地球外からと諸説があります。海の中でアミノ酸同士が互いに反応して、次第にタンパク質に似た化合物をつくっていきました。そして、ついには自己複製ができる能力を持つ生命が誕生したのではないかというのです。

水が生命の母であることの大きな理由の一つは「非常に多くの種類の物質を溶かす性質を持っていること」。それが生命誕生に寄与していると考えるからです。

私たちのからだのすみずみまで流れている血液は、栄養分や酸素を水に溶かしてさまざまな細胞に運び、不要になった物質を水に溶かして体外に持ち出す役目を果たしています。

溶けること（溶解）は自然現象の中で大きな役目を果たしており、人間の生活と生産の中でも、さまざまな形で利用されています。

家庭生活における「溶解」の大きな利用の一つは、食物の味つけに食塩や砂糖を使うことです。食塩や砂糖が水に溶けなければ、辛い、甘いなどの味は感じられません。漬け物に食塩を使うのは、水に溶けた食塩が微生物の繁殖や植物の組織に及ぼす微妙な働きを利用しています。また、着物や服のえりなどの汚れをベンジンでふき取るのは、からだから出る皮脂がベンジンに溶けることを利用しています。

砂糖を水に溶かして考える

溶ける物質として、まず砂糖を材料に選びましょう。溶かす物質としては水にします。

もともと、砂糖はサトウキビの茎やサトウダイコン（ビート）の根の汁に含まれています。どんな植物も栄養分として糖類を体内でつくりますが、サトウキビやサトウダイコンはショ糖という糖をたくさんつくるように品種改良された栽培植物です。

製糖工場では砂糖が溶けこんだ液をしぼり、煮つめ、不純物を取り除いて、純白の砂糖の結晶をつくっています。特別に大きな結晶にしたのが氷砂糖です。

ガラスのコップに氷砂糖の結晶を一つか二つ入れ、水を注いでコップを静かに置きます。氷砂糖が溶けていく様子を、光に透かしてじっと観察してみましょう。

結晶の表面に近い水が、ゆらゆらとかげろうのように動きます。結晶の表面に砂糖の濃い溶液ができるからです。このように濃度が不均一で屈折率が変わることでそのように見えることを「シュリーレン現象」といいます。

氷砂糖が水に溶けて小さくなるまでには、ずいぶん時間がかかります。お湯を使えば溶け方はずっと早くなります。かちかちに固まった氷砂糖も、一晩置けばすっかり溶けてしまいます。

次に、別のコップに角砂糖を一つ入れて、同じことをしてみましょう。角砂糖は砂糖の細かい結晶を寄せ集めたものです。同量の一グラムでも、水に触れる表面の

◆水の中で角砂糖が溶けていく様子

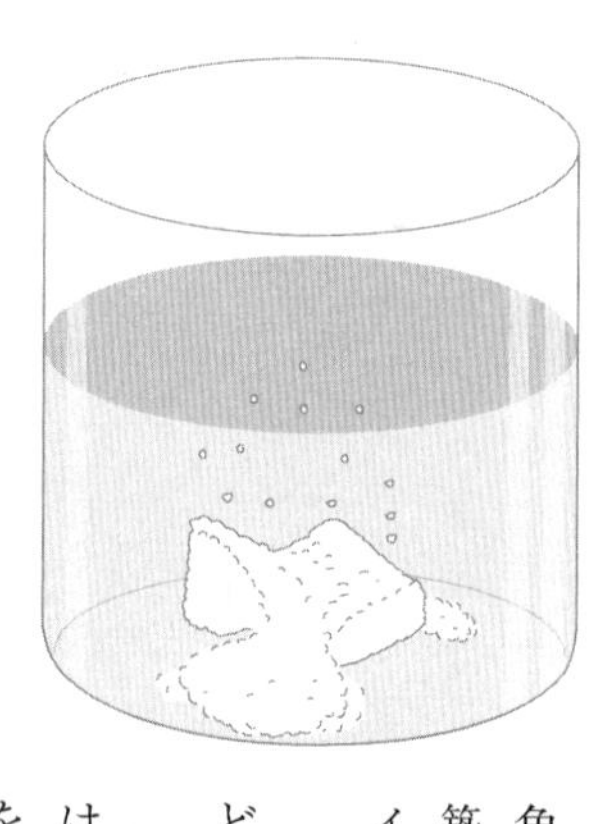

面積は角砂糖のほうが氷砂糖よりはるかに大きいので、溶け方はずっと早くなります。

虫眼鏡で観察してみると、コップの中の角砂糖が水に溶ける様子は、まるで高層建築が崩れ落ちるのをスローモーション・フィルムで見るような壮観さです。

それにしても、結晶になっていた砂糖はどこへ行ってしまうのでしょうか？

姿が見えなくなっても砂糖水の中に砂糖はあるはずです。溶ける前には、結晶の姿をしていた砂糖は、水に溶けて見えなくなってから、溶液の中でどんな姿をしているのでしょうか？

最後に砂糖は消え失せて、透き通った砂

糖水ができます。砂糖の姿は見えなくなり、無色透明の液になるのです。このとき「砂糖は水に溶けた」といいます。できた砂糖水は正式には「砂糖水溶液」といいます。もっと正式には「ショ糖水溶液」といいます。食塩を水に溶かしたものは「食塩水溶液（もっと正式には塩化ナトリウム水溶液）」です。

砂糖水溶液や食塩水溶液は、熱して水を蒸発させると、水に溶けていた砂糖や食塩が出てきます。

水に砂糖を溶かしたとき、見えなくなったからといって砂糖はなくなってしまったわけではありません。水一〇〇グラムに砂糖一〇グラムを入れれば、砂糖の姿は見えなくなっても一一〇グラムの水溶液になり、甘い味があります。

水に溶けると溶けたものの姿形が見えなくなっても、水の中にはちゃんと存在しているのです。

砂糖はショ糖分子という非常に小さな粒子からできています。同様に、水は水分子からできています。分子一個一個はとても小さいので目に見えませんが、膨大な数が集まると目に見えるようになります。砂糖の固まりや液体の水は、分子がとてもたくさん集まったものです。

水に砂糖を入れると、水分子によってショ糖分子が引き離されて、水の中に散らばっていきます。目に見えなくなったのは、ショ糖分子が一個一個ばらばらになっているからです。

それでは、砂糖が全部溶けてできた砂糖水の表面近くと底近くでは、砂糖水の濃度は違うのでしょうか？

砂糖水でも食塩水でも、全部が溶けていればどこも同じ濃度です。結晶をつくっていた砂糖の分子や塩化ナトリウムのイオンは、水分子と一緒になって水溶液中にばらばらに散らばるだけではなくて、水分子と一緒に運動しています。そこで、どこも濃度が均一になります。

砂糖を入れてコーヒーを飲むときに底のほうが甘く感じるのは、溶け切れていない砂糖が残っていて底にたまっているからです。

こうして、水に物質が溶けてできた水溶液は、透明（無色透明と有色透明）、溶かす前後で全体の重さは同じ、濃度は均一ということになります。

にごった液は物が溶けている?

片栗粉(本来はカタクリという植物からとったデンプン。実際はジャガイモのデンプン)少々をスプーンでコップに入れ、水を八分目くらい加えてよくかき回すと、水は白くにごります。

片栗粉の小さな粒はだんだん沈み、十五分もすると、コップの水はきれいに透き通って見えるようになります。ためしに上ずみの水をスプーンにとって熱して水を蒸発させると、スプーンにはなにも残りません。片栗粉を混ぜてかき回した水は、にごっているだけで溶液ではなかったのです。

胃のレントゲン検査のときに飲む「バリウム」も白くにごっています。「バリウム」には硫酸バリウムという物質の粉末が液に散らばらせてあります。しかし、この「白いにごり」の状態は水に溶けていません。

「バリウム」が溶けた水溶液を摂取すると、小腸で体内に吸収されてしまいます。「バリウム」が吸収されると毒性を発揮します。しかし、硫酸バリウムは水に溶けない物質なので、体内で吸収されずに排泄されるのです。

ただし、「バリウム」には飲みやすいように味がついています。その味となっている物質は水に溶けているでしょう。

つまり、水の中ににごりや沈殿があったら、そのにごりや沈殿は水に溶けていないのです。溶けている物質はとても小さな分子やイオンでばらばらになっており、にごりや沈殿の粒は分子のつくりなどの理由で、水の中で均一に分散することができないのです。

コーヒーや牛乳は水溶液？

砂糖を水に溶かしたとき、溶液は完全に透明になります。それに対して、デンプンを温水に溶かしたときや少量の粘土を水に入れてかき回したときは、しばらく放置しても少しにごっていて完全な透明にはなりません。「どこも一様な濃さになった混合物である」という点では溶液といっていいでしょう。

しかし、デンプン溶液などには、砂糖水溶液とは違った性質が見られます。例えば、砂糖水溶液とデンプン溶液に、レーザー・ポインターでレーザー光線のような光を当てて横から見ると、砂糖水溶液では何も見えませんが、デンプン溶液では光の通路がくっきり見えます。この現象を「チンダル現象」といいます。

◆ チンダル現象

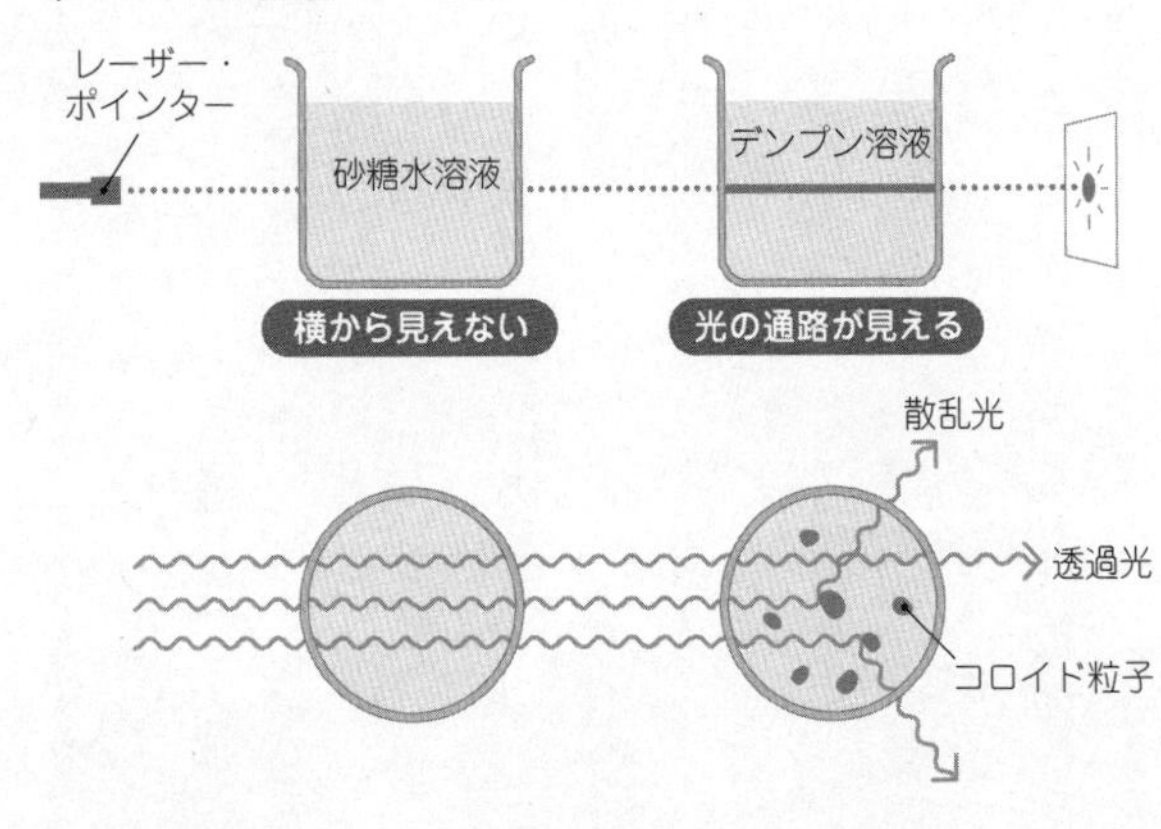

砂糖水や食塩水では、水の中に砂糖分子などが散らばっていて、溶質粒子が非常に小さいのに対して、デンプン溶液では、砂糖水溶液の溶質粒子よりもずっと大きい粒子が散らばっていて、それが光を散乱するからです。

デンプン溶液などのチンダル現象を示す溶液に散らばっている粒子のことをコロイド粒子といいます。それに対し、砂糖水や食塩水を真溶液ということがあります。

溶けて透明になる普通の溶液の溶質粒子一個には、せいぜい多くても一〇〇〇個の原子が含まれますが、コロイド粒子一個には、原子が一〇〇〇個〜一〇億個含まれています。デンプン溶液のように、コロイド粒子が分散している溶液をコロイド溶液といいます。

自然界や私たちの身の回りには、コロイド溶液がたくさんあります。生物の体液、にごった河川水、石けん水、牛乳、墨汁、コーヒー、ジュースなどです。これらはコロイド粒子だけでなく普通の分子なども混ざり合っていて、真溶液とコロイド溶液の両方を含んでいます。

石けん水は、濃度が低いときは真溶液で、濃度が上がると分子が寄り集まってミセルという分子集団をつくります。このミセルはコロイド粒子の大きさなので、コロイド溶液になります。

コロイド粒子が密集したり網目状につながって、そのすきまに水を含んで、流れる性質を失い固体のようになっているものもあります。これをゲルといいます。豆腐、ゼリー、寒天、こんにゃくなどです。

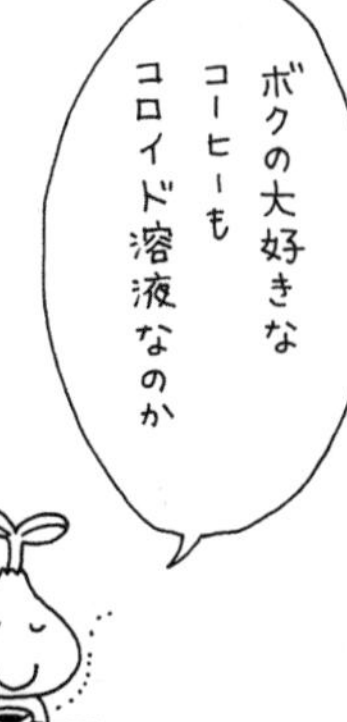

磁石の意外な弱点

「磁石」の「磁」と「石」の由来

鉄を引きつけたり、糸につるすと南北を指す石（鉱石）があることは、非常に古くから知られていたようです。それは天然磁石の存在によります。磁石の「石」の由来は鉱石だったからで、十九世紀半ばまで、磁石は天然の石でできたものを使っていました。

磁石の「磁」は、もともとは中国で「慈」という字でした。「慈石」とよんでいたのです。「慈」は「慈しむ」という言葉通り「大切にする、いとおしむ、かわいがる」という意味です。磁石が鉄を引きつける様子を、まるで母親が子どもを抱くようにやさしくかわいがっている様子にたとえたのです。

その後、金属の鉄や鋼が磁石の材料に使われるようになると、中国では「磁鉄」とよぶようになりました。「石ではない」からですね。

◆ 砂鉄を集めてみよう

今、「石」の磁石といえるのは、スチール黒板に紙を押さえるのに使われている黒色のフェライト磁石です。材料は金属の酸化物で金属の性質を失っており、金属の仲間というより石の仲間です。金属光沢を持っておらず、電流をよく流さず、たたけば石のように割れてしまいます。

砂鉄は「砂」？　それとも「鉄」？

砂鉄は校庭の砂の中にも、家の近くの公園の砂の中にも、山の土にも、海岸の砂浜の砂にも、いろいろなところに含まれています。日本中至るところで、砂鉄を見つけることができます。

実は、砂鉄はもともとは岩石に含まれてい

たのです。多くの岩石の主成分は石英・長石・雲母ですが、ほかにも磁鉄鉱（砂鉄）が含まれています。その岩石のさらにもともとは地球内部のマグマです。岩石が風化作用により粉々に崩れ、その際に石英・長石などがばらばらになり、磁鉄鉱も砂の中に散らばることになったのです。

磁鉄鉱は、結晶形を持った鉱物です。金属の鉄ではなく（鉄粉ではなく）、鉄と酸素が結びついて酸化鉄になっています。金属の鉄粉なら、空気や水分があるところに置いておくとさびて赤くなったりしますが、砂鉄はもうさびきったものですから変わらないのです。

砂鉄は、鉄のように磁石に引きつけられる「砂」といっていいでしょう。

多くの岩石には磁鉄鉱が含まれていますので、その含まれる量によっては石ころでも強力な磁石についてきます。糸にぶら下げた石に強力な磁石を近づけると、磁石に引き寄せられるものが多いことがわかるでしょう。

一時磁石と永久磁石

磁石に鉄片をくっつけたとき、鉄片は磁石になっています。磁極にくっついているところは、磁石の極と違う磁極になり、ほかの端は同じ磁極になります。例えば、鉄片が磁石のN極にくっついた部分は、S極になっています。このように鉄片が磁石になることを「磁化された」といいます。

鉄片が磁石にくっつかなくても、磁石に近づけると磁界の働きで、鉄片は磁界の向きに磁化されています。

針金や鉄くぎをつくっている軟鉄は、磁石の磁界の中で一度は磁石になっても、磁界から離してしばらくすると磁石ではない普通の軟鉄に戻ります。つまり、軟鉄は「一時磁石」であるということです。電磁石の芯も軟鉄を使います。電流を流したときにだけ磁化されて磁石になるのです。

しかし、縫い針やピアノ線のように鋼鉄でできたものは、一度磁石になるといつまでも磁石のままです。これを「永久磁石」といいます。

棒磁石に鉄粉を振りかけると、鉄粉は磁石の両端に多くくっつきます。鉄を引きつける力が磁石の両端で最も強いのです。このように鉄を引きつける力が強いところを磁石の極（磁極）といいます。

棒磁石を糸でつるしたとき、磁石は南北を指して止まりますが、北を向く磁極を

◆ 磁界（磁場）と磁力線

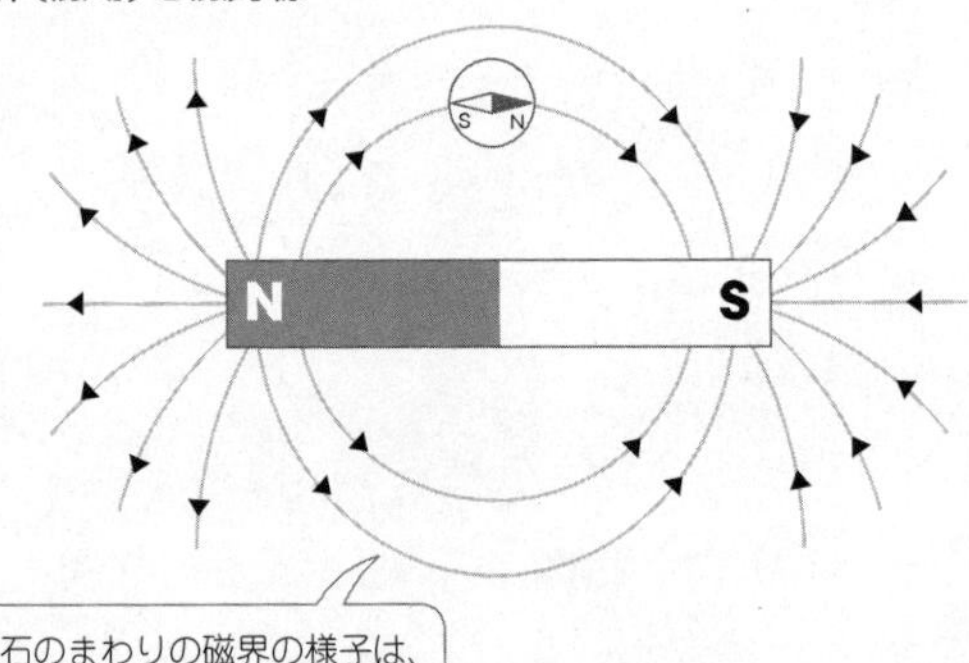

磁石のまわりの磁界の様子は、
磁力線で表すことができる。

N極（北極）といい、南を向く磁極をS極（南極）といいます。

N極とS極は引き合い、N極とN極、S極とS極は反発し合います。

磁極のまわりは、磁界（磁力が働く空間）になっています。磁場という言葉もよく使われますが、磁界と同じ意味です。「磁界」は理科の教科書や磁石を実用として使う工学の分野で、「磁場」は物理学で使われることが多いようです。

なぜ鉄がかぶせてあるの？

冷蔵庫やスチール黒板にメモなどを貼るのに使う「紙押さえ」の磁石は、塗料が塗ってあるのでわかりにくいのですが、鉄でカバー

◆「紙押さえ」の磁石に鉄がかぶせてある理由

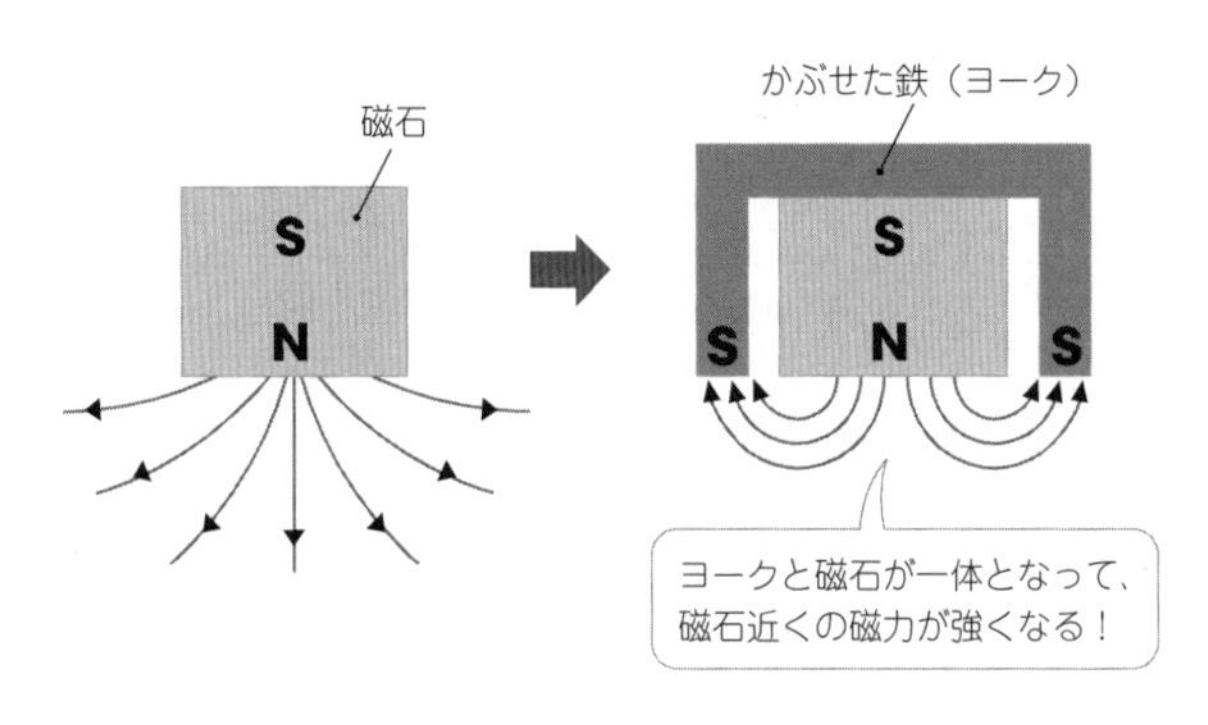

されています。丸ごと鉄でくるんだものや、磁石の一面だけ残してカバーしてあるものがあります。

つまり、磁石そのままではなく鉄のカバーと一体化されています。これは磁石を保護するためのものではありません。鉄でカバーすると、磁石だけのときよりくっつく力（磁力）がずっと強くなります。このカバーする鉄を「ヨーク」といいます。

磁石のまわりの磁界は磁力線で表されます。磁力線の束を磁束といいます。

カバーの鉄は、磁石から出る磁束が全体に広がってしまわないように、鉄の中を通って集束するようにしてあるのです。ヨークを使うと、N極とS極がずっと近づくのと同じになり、くっつく力が強くなるのです。

磁石を近づけると逃げていく物質

磁石にくっつくものは鉄やコバルト、ニッケルです。これらは強磁性を持っている「強磁性体」といいます。

強磁性体以外の物質は磁石への反応が非常に弱いので、普通は「磁石にくっつかない」としています。

しかし、どんな物質も超強力な磁石を使うと反応するのです。その磁石の反応には二つあります。磁石にくっつく物質と反発する物質です。

前者を「常磁性体」といいます。液体窒素の実験をする人にはよく知られた常磁性体に酸素があります。酸素を液体にすると、磁石に引かれることがわかります。

ほかにマンガン、ナトリウム、白金、アルミニウムなどがあります。アルミニウム一〇〇パーセントでできている一円玉を水に浮かべて、強力磁石を近づけると磁石に寄ってきます。

◆磁石を近づけると逃げていく物質がある

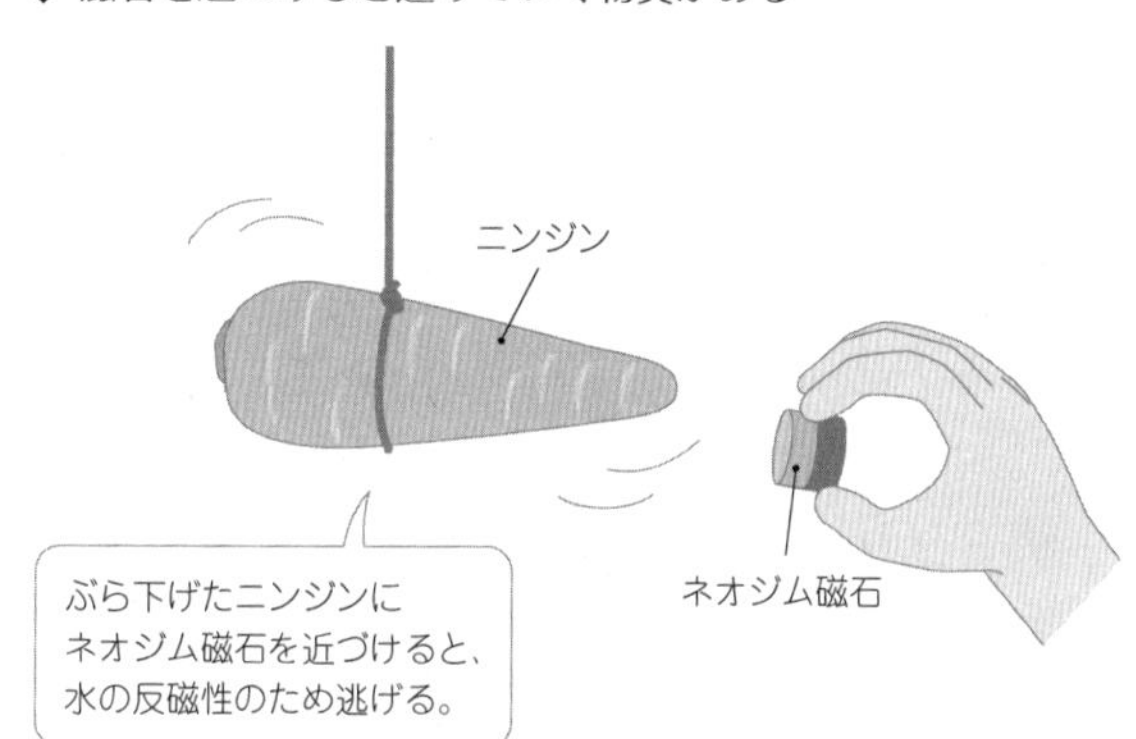

もう一つが、磁石を近づけると逃げていく性質――反磁性です。磁石に反発する物質は「反磁性体」といいます。黒鉛、アンチモン、ビスマス、銅、水素、二酸化炭素、水などです。例えば静かな水面に超強力な磁石を近づけると、水面が凹(へこ)みます。反磁性の黒鉛の棒など、反磁性体をバランスを取ってつるして超強力な磁石を近づけると、磁石から遠ざかる方向に動きます。

磁石王国・日本

戦前、それまでの磁石性能をはるかにしのいで世界を驚かせた磁石が、本多光太郎（一八七〇～一九五四）によって発明されました。ＫＳ鋼です。

一九三一年には、三島徳七（一八九三〜一九七五）がMK鋼を発明しました。これは本多らの新KS鋼とともに、後のアルニコ磁石の源流となりました。同じ頃、加藤与五郎（一八七二〜一九六七）と武井武（一八九九〜一九九二）が今日のフェライト磁石のもとになったOP磁石を発明しました。

OP磁石はそれまでの何種かの金属の合金とは違って、鉄・コバルト混合酸化物を材料としていました。金属の酸化物でも強い磁石になるので、現在、大量生産されているフェライト磁石へと道を開いたのでした。

しかし、磁石王国・日本に陰り（かげ）が見え始めます。欧米においてサマリウム・コバルト磁石という、もうこれ以上高性能な磁石は出てこないのではないかと思われたほどの磁石が研究・開発されたのです。

時代は「軽薄短小」指向でした。サマリウム・コバルト磁石は価格が高くても、超小型で必要な磁界が得られるという非常に大きなメリットがありました。小型の電子機器はこの磁石なしにはありえませんでした。サマリウム・コバルト磁石は小型のモーター、発電機、腕時計、音響装置など広い用途に使われました。

しかし、さすがに磁石王国・日本です。一九八二年、サマリウム・コバルト磁石を超える高性能磁石が我が国で発明されました。それが佐川眞人（まさと）氏によって開発されたネオジム磁石です。ネオジム磁石は今でも市販磁石の中で世界最高の性能を誇っています。鉄を成分に含んでいるのでさびやすいのですが、表面にニッケルメッキをすることでさびるのを防ぐなどの改良も進められています。

磁石は熱さに弱い！

富士山のふもとにある青木ヶ原樹海ではコンパス（方位磁石）が狂うという話を聞いたことがありませんか？

これは、高温の溶岩が冷え固まるとき、青木ヶ原の鉄を多く含む溶岩が当時の地磁気を記憶して磁化されて磁石になっているためだと考えられます。溶岩のすぐ近くにコンパスがあれば、正しい方位を示さないことはありえます。しかし、コンパスを溶岩から十分に離せば普通に使えます。ぼくは二度ほど青木ヶ原樹海を探検してコンパスが使えることを確認しています。

磁石を熱して温度を上げると、ある温度以上になると磁石の性質がなくなります。そのときの温度をキュリー温度（キュリー点）といいます。例えば超強力なネ

◆ 磁石は熱さに弱い！

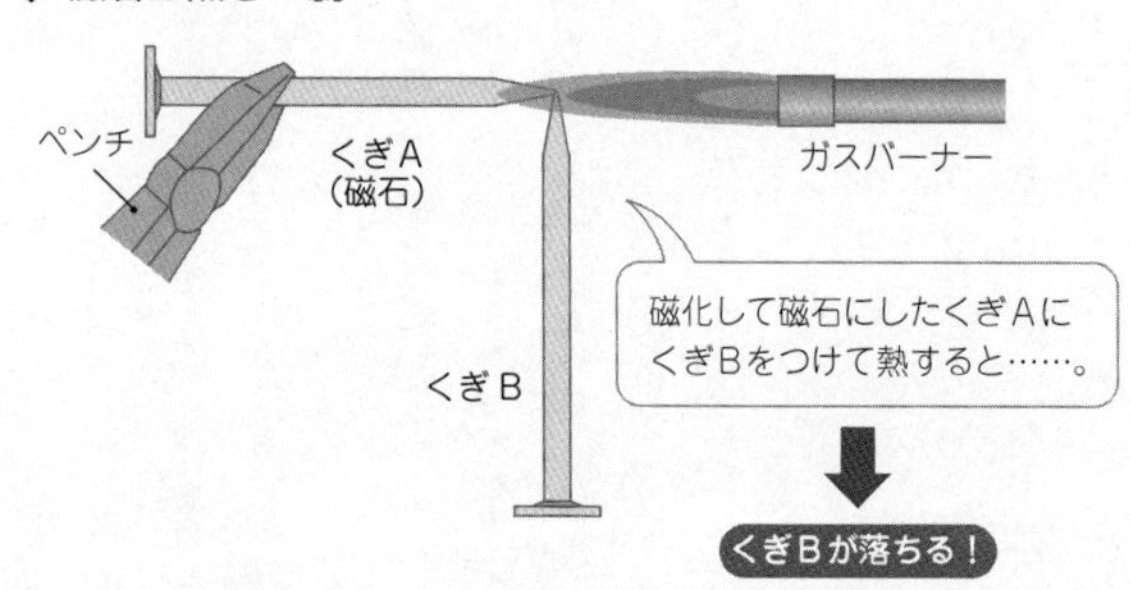

オジム磁石のキュリー温度は三〇〇℃、黒色のフェライト磁石のキュリー温度は四五〇℃です。フランスの物理学者ピエール・キュリー（一八五九〜一九〇六）の名にちなんでつけられました。彼の妻は放射能の発見で有名なマリ・キュリー（一八六七〜一九三四）です。

キュリー温度を超えると、「小さな磁石」たちがばらばらな向きになり、全体として磁石の性質を持たなくなるのです。

それでは、一度キュリー温度以上にしたものを冷やしたら、磁石の性質は戻るのでしょうか。磁石の性質に戻るためには、磁界をかけることが必要です。キュリー温度以上では、磁界をかけても磁石の性質になりません。

例えば地球上ならば、磁石になる物質をキュリー温度以上の温度にしてから冷やすと、地球の磁界と同じ方向に磁化されます。青木ヶ原樹海の溶岩もそうして磁化されているのです。

実は、地球の磁界は過去に何度も反対向きになっています。キュリー温度以上の溶岩が冷えて磁化されたものを調べてわかったのです。

この現象は、数万年～十数万年ごとに起こっています。地磁気の力がだんだんと弱くなり、一度ゼロになって、さらに逆向きの力が強まっていくのです。

現在、地磁気はだんだんと弱くなっています。このまま減っていくと、あと千年ほどのうちに地磁気がゼロになってしまうと考えられています。

地磁気がゼロになってしまうと、どんなことが起こるのでしょうか。宇宙からは絶えず、生命に有害な宇宙線が降り注いでいるのですが、地磁気は宇宙線が地表に到達するのを防いでいます。地磁気がゼロになると、宇宙線が直接地球に降り注ぐことになり、生命にも影響を及ぼすと考えられています。

ピンセットは「てこ」の仲間

てこのつり合い・力のモーメントのつり合い

物体が受ける二つの力がつり合うのは、その二つの力が「同じ大きさで、向きが反対」のときです。

てこは大きさの違う力でつり合います。てこを使うときには、支点、作用点、力点の三つを明確にしましょう。

支点はてこを支える点。力点は力を加える点で、実際に手で持って力を入れるところ。作用点は力が加わる点（力が出る点）です。

てこは「回す働き」を利用しています。回す働き（回転の効果）は、力点に加える力と回転の中心から作用点までの距離（腕の長さ）の積に比例します。「加える力×回転の中心から作用点までの距離」を力のモーメントあるいはトルクといいます。

◆ 3種類のてこ

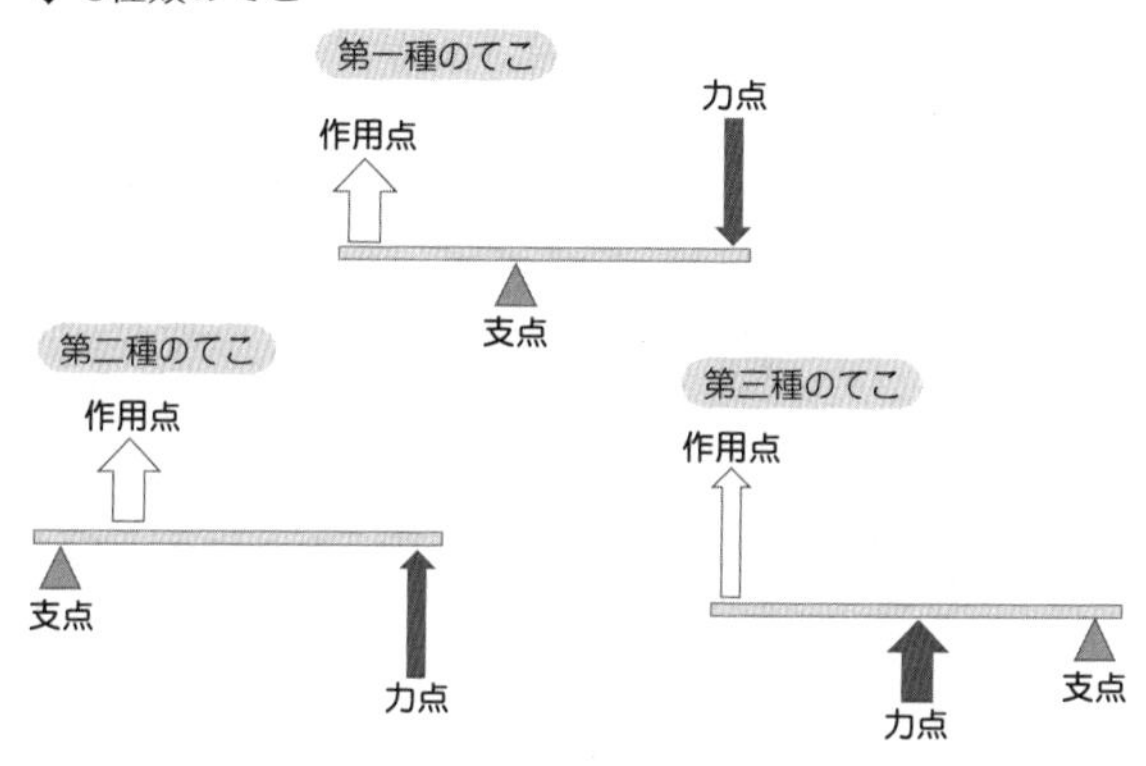

てこを三つに分類

てこには支点、作用点、力点の三つの構成要素がありますが、それら三つが並んだときに中心に何がくるかで、てこを三種類に分けています。

支点が中心にくるタイプ（第一種のてこ）、作用点が中心にくるタイプ（第二種のてこ）、力点が中心にくるタイプ（第三種のてこ）の三つです。

第一種のてこは、支点を中心に置きます。力点を右側とした場合は、左から「作用点、支点、力点」の順になります。普通、「作用点－支点」より「支点－力点」が長く、力点

◆ 第一種のてこ

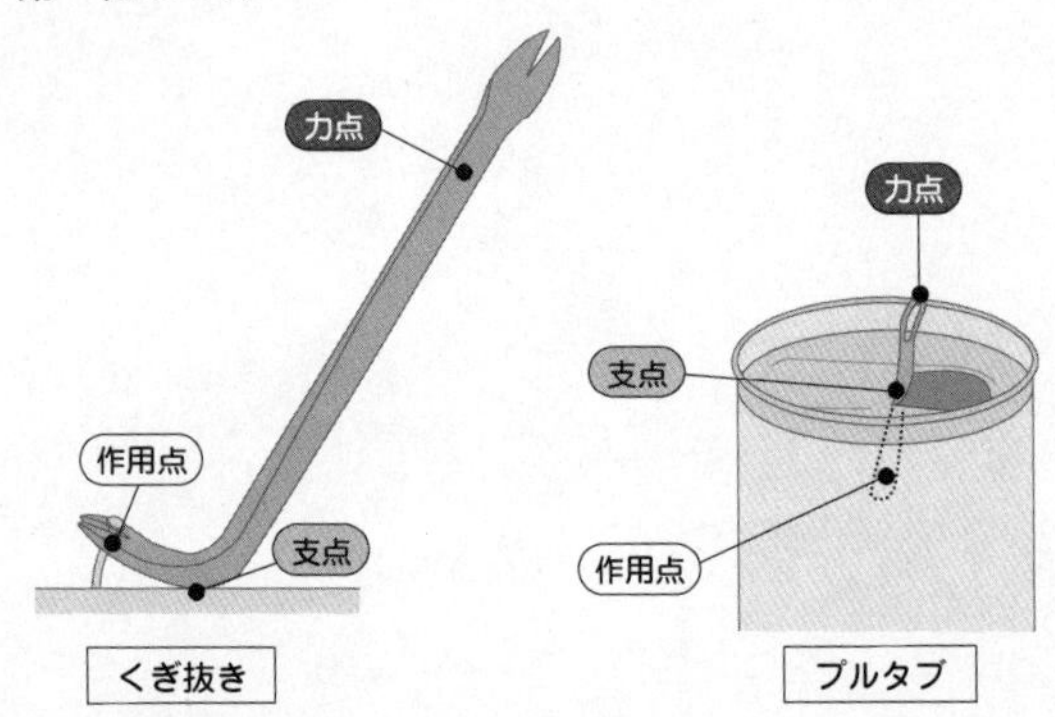

◆ 第二種のてこ

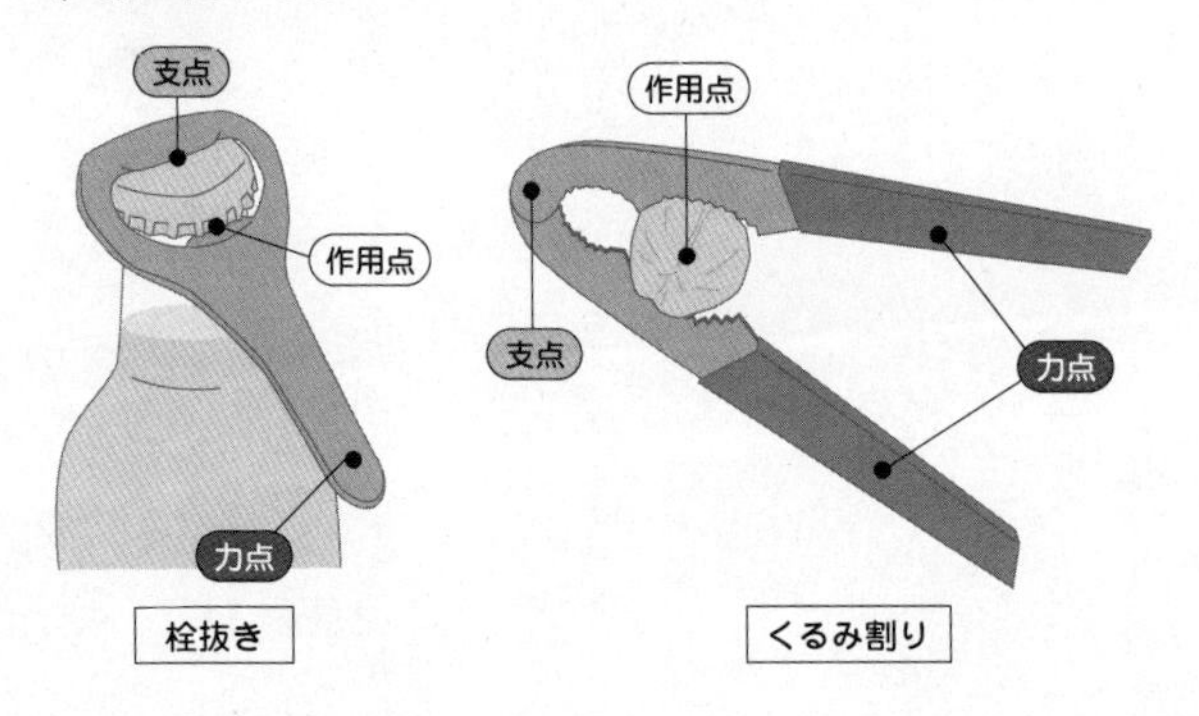

で加えた小さい下向きの力は、作用点で大きな上向きの力となります。
その代わりに力点で動かす距離は大きくなります。代表的なてこの一種で、古くから巨石などを動かすのにも使われていました。くぎ抜き、洋ばさみ、缶切り、ラジオペンチ、プルタブなどがあります。
くぎ抜きは力点を下に動かしてくぎを引き抜きますが、飲料缶のふたについているプルタブは、リング部分を引き上げて開口部を押し下げます。どちらもてこの働きで、作用点で出る力を大きくしています。

第二種のてこは、作用点を中心に置きます。力点を右側に置いた場合は、左から「支点、作用点、力点」の順になります。「支点－作用点」より「作用点－力点」が長く、力点で加えた小さい力は、作用点で大きな力となります。その代わり、力点で動かす距離は大きくなります。栓抜きやくるみ割り、穴あけパンチも第二種のてこです。

第三種のてこは、力点を中心に置きます。左側を作用点とした場合は、左から

◆第三種のてこ

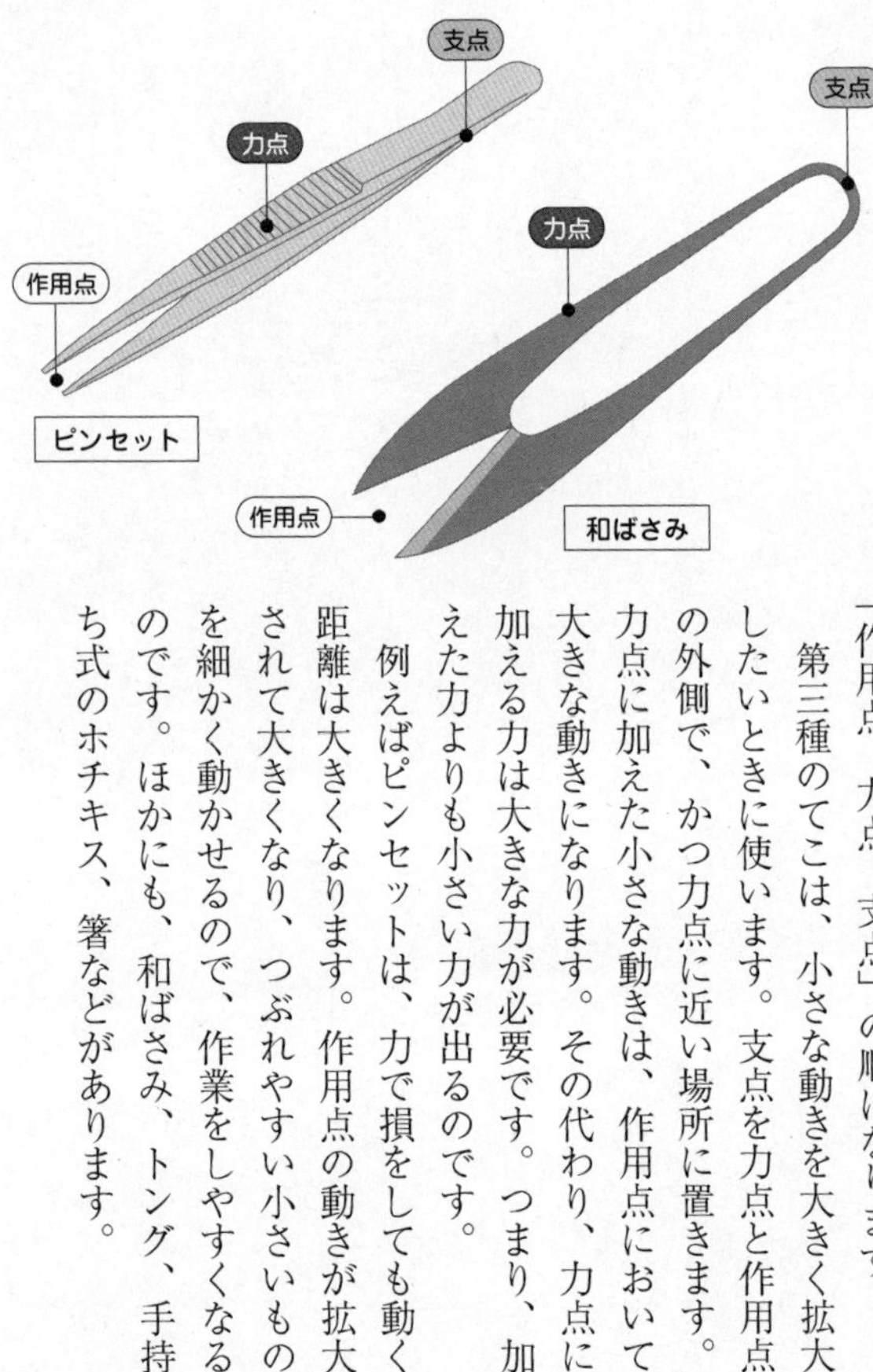

「作用点、力点、支点」の順になります。

第三種のてこは、小さな動きを大きく拡大したいときに使います。支点を力点と作用点の外側で、かつ力点に近い場所に置きます。力点に加えた小さな動きは、作用点において大きな動きになります。その代わり、力点に加える力は大きな力が必要です。つまり、加えた力よりも小さい力が出るのです。

例えばピンセットは、力で損をしても動く距離は大きくなります。作用点の動きが拡大されて大きくなり、つぶれやすい小さいものを細かく動かせるので、作業をしやすくなるのです。ほかにも、和ばさみ、トング、手持ち式のホチキス、箸などがあります。

◆回転力を利用する「てこ」

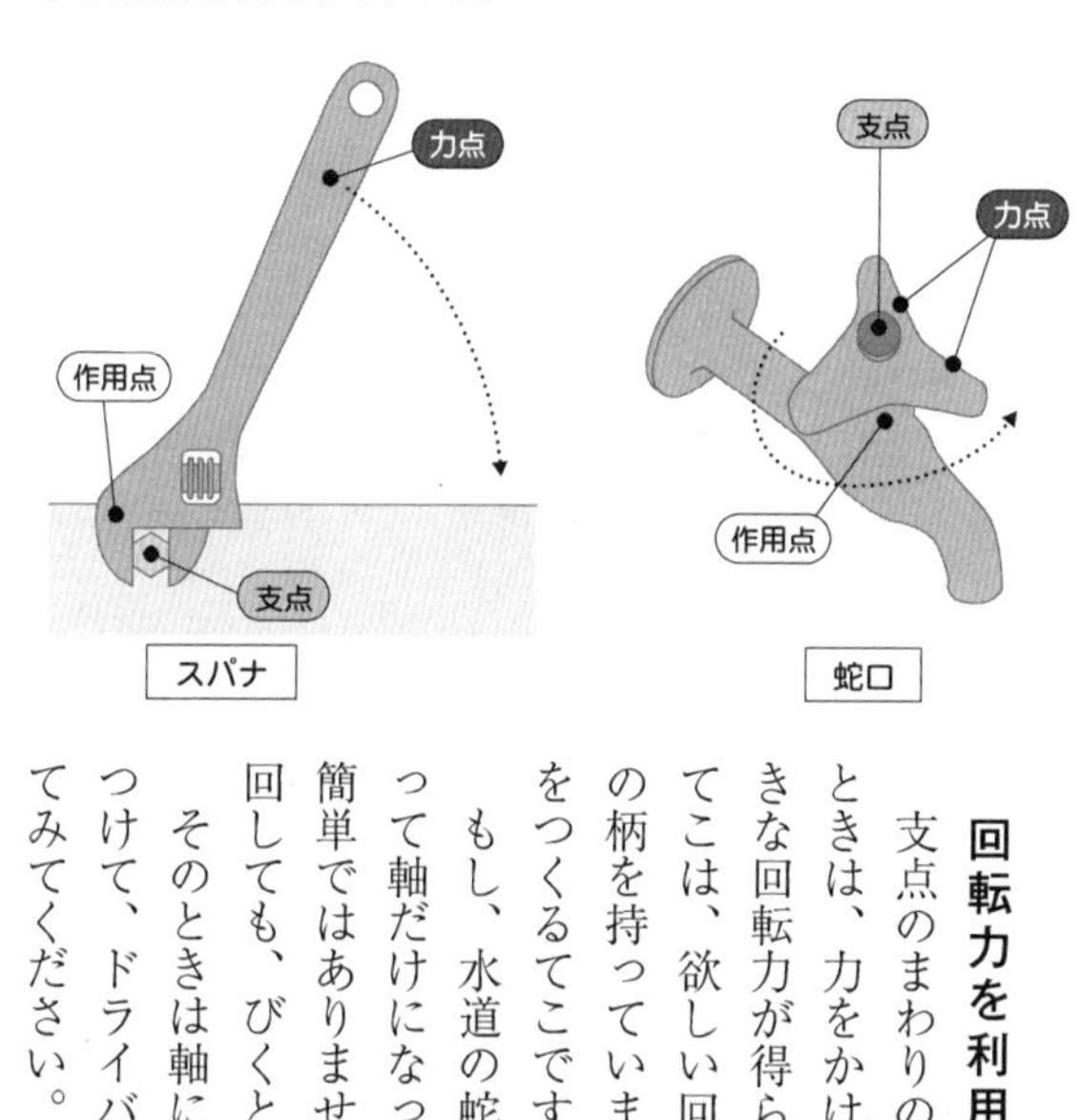

回転力を利用する「てこ」

支点のまわりの回転力をそのまま利用するときは、力をかける場所が離れているほど大きな回転力が得られます。回転力を利用するてこは、欲しい回転力の大きさに応じた長さの柄を持っています。丸いハンドルも回転力をつくるてこです。

もし、水道の蛇口のハンドルが取れてしまって軸だけになったら、その軸を回すことは簡単ではありません。布を巻きつけて力一杯回しても、びくともしないでしょう。

そのときは軸にドライバーを針金でしばりつけて、ドライバーの両端を手に持って回してみてください。すると簡単に軸が回って勢

◆ 輪軸

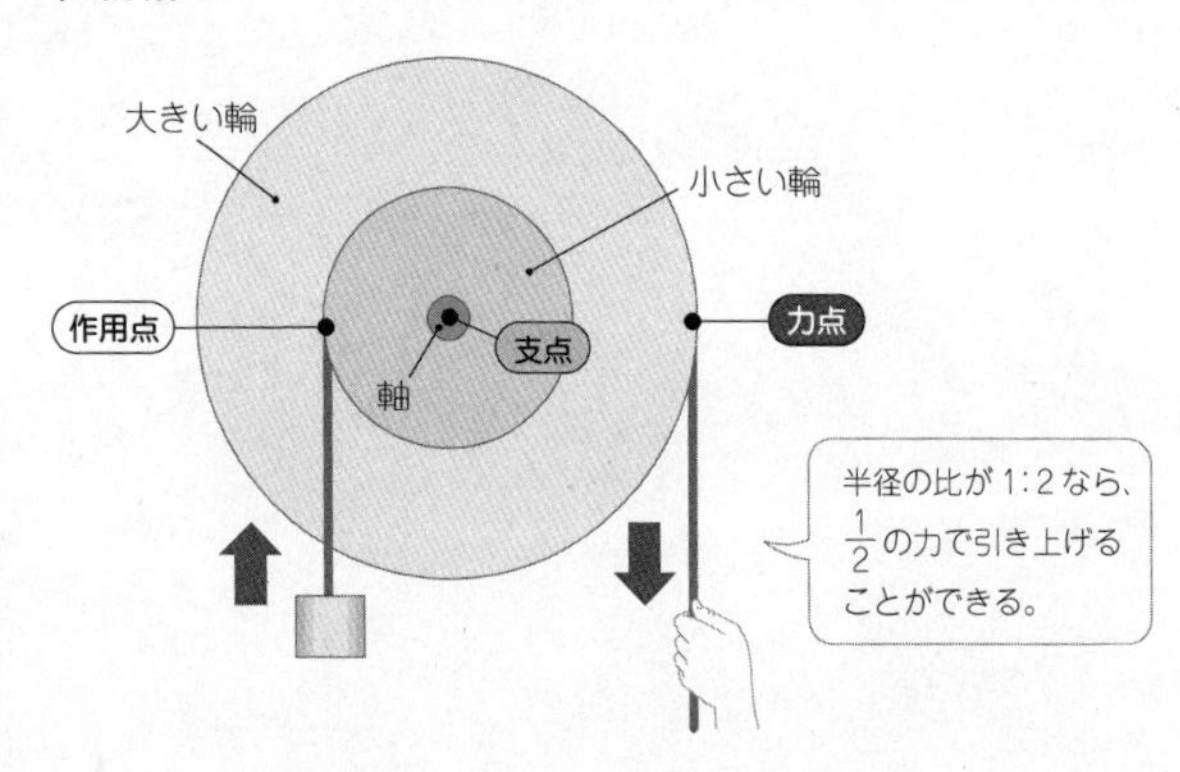

いよく水が出てきます。

ほかにもスパナ、ドアノブ、ドライバー、自転車や自動車のハンドルなどがあります。

これらは、輪軸（りんじく）という道具としくみが同じです。輪軸は二つの半径の異なる滑車の車輪を、同一車軸に固定したようなものです。輪軸を使えば、小さい車軸にかけたロープにつるした重い荷物を、大きな車軸にロープをかけて小さい力で引き上げることができます。

ボクたちの生活は
「てこ」に
支えられている

東西南北にまつわるエトセトラ

地球の北極は地球磁石のS極

コンパス（方位磁石）や糸につるした棒磁石は、地球の北極、南極を指して止まります。それは、地球全体が一つの磁石で、磁界をつくっているからです。

天然磁石はヨーロッパで二千年以上も昔のギリシャ時代から知られていました。しかし、それよりも中国のほうが発見が早かったようです。二千二百年以上も昔の本に「慈石」のことが書いてあるのです（一六四頁）。

この天然磁石を使って鉄の針をこすると、針が南北を指すという性質を見つけたのも中国でした。磁針を水に浮かべたり、糸につるしたりして方位を知るのに利用したのです。

この発明はインドやアラビアを経由してヨーロッパに伝わり、東西南北を記した板の上で磁針の向きを見るしかけや羅針盤ができました。

◆ 地球のまわりの磁界

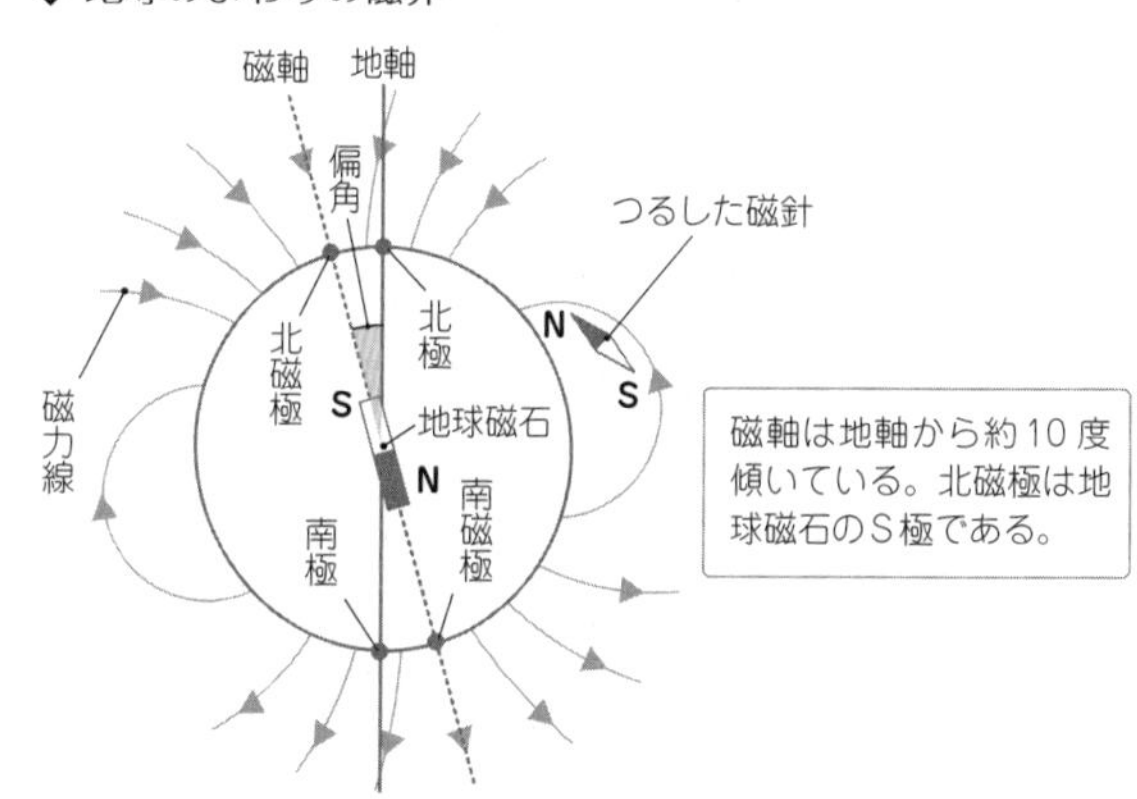

コンパスのN極が北の方向を指すということは、地球磁石は北極にS極があり、南極にN極があることになります。しかし、地球磁石のN極とS極は、地球の地軸（自転軸）の北極と南極にきちんと一致しているのではなく、少しずれています。

この真北とコンパスの北とのずれを偏角といい、高緯度になるほど大きくなる傾向があります。日本では偏角の大きさはおよそ西に四度から一〇度の間に入っています。真北は、コンパスの指す北から北海道では西寄り約九度、東京付近では約七度、沖縄では約五度それぞれ西寄りになります。

◆ 日本の偏角

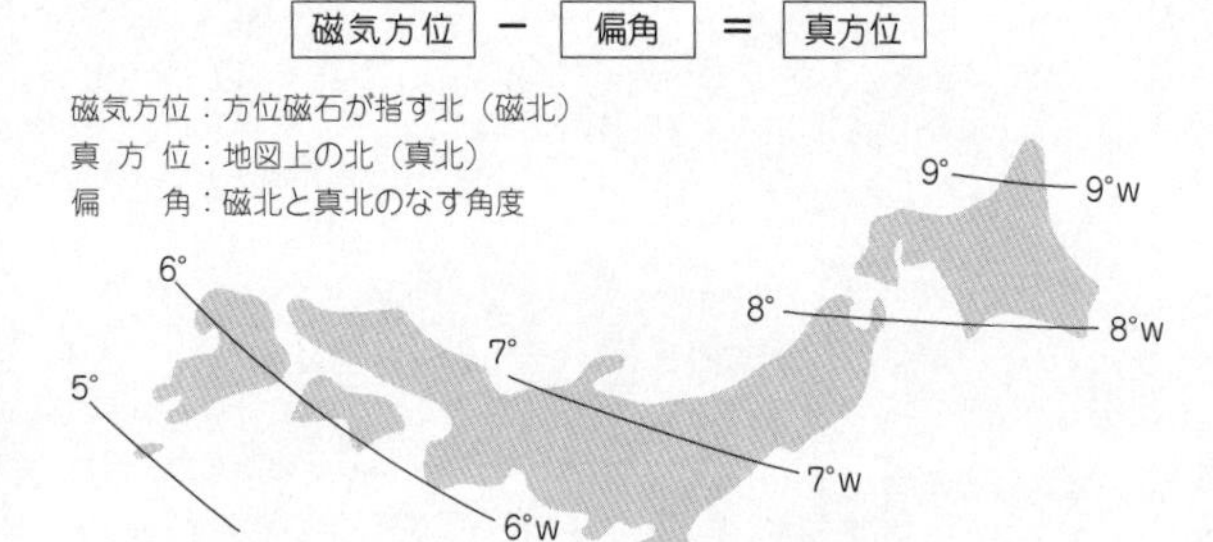

日本では磁北が真北より西側を指し、偏角を「西偏(W)○度」と表す。

日本各地の偏角は、国土地理院の二万分の一、二万五千分の一及び五万分の一の地形図に載っています。

地球磁石の力を「地磁気」といいますが、地磁気の源は地球の中心にある「核」というところでつくられていると考えられています。核は鉄とニッケルという金属でできていて、球状をしています。

核の外側に近い部分は金属がどろどろに融けており、これを外核といいます。外核のどろどろに融けた金属は、中心にある固体の内核を取り巻くように渦を巻いて回転していると考えられています。その際に電流が流れ、それにともなって磁気が生まれるというのが「ダイナモ理論」という有力な仮説です。た

◆ 棒の影で北がわかる

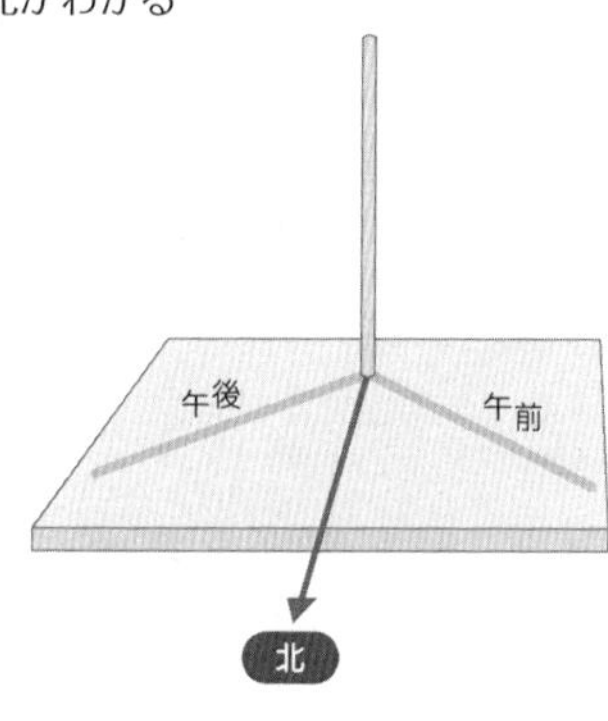

だし、未だ地磁気の複雑な現象のすべてを解明できていない段階です。

太陽の動きから方位を知る

コンパスがないときは、太陽の動きから方位を決めることができます。

地球はコマのように回っています。二十四時間で一周するこの動きを「自転」といいます。そのため、太陽や夜空の星は東から西へ動いて見えます。この動きは一時間に一五度（一度動くのに四分）という正確な動きです。

太陽が真南に来ることを「太陽の南中」といいます。太陽が南中したときを正午と決めて、南中してから次の日に南中するまでを一日と決めました。一日を二四等分したのが一時間です。

だから、正午のときに太陽がある方位が南ということになります。そのときの影の向かう方位が北です。太陽が南中したとき、太陽の高度は最も高くなり、影は一番短くなります。

影の長さは、一日に二度、午前と午後で同じ長さになるので、その中間をとれば太陽が南中したときがわかります。

ただし、日本でも地域によって（経度によって）太陽の南中時刻は異なります。同じ日本国内でも、東の端と西の端では約二時間の違いがあります。地方によって時刻が違うのは不便です。そこで、日本では兵庫県の明石市（東経一三五度）を基準に、日本標準時を決めています。

北極星を見つけよう

四季のはっきりしている日本ですが、いつ夜空を眺めても、いつも同じ位置に見える恒星があります。それは北極星です。

北極星は地球の地軸のほぼ延長線上にあるため、地球が自転してもその位置を変

◆ 北極星の見つけ方

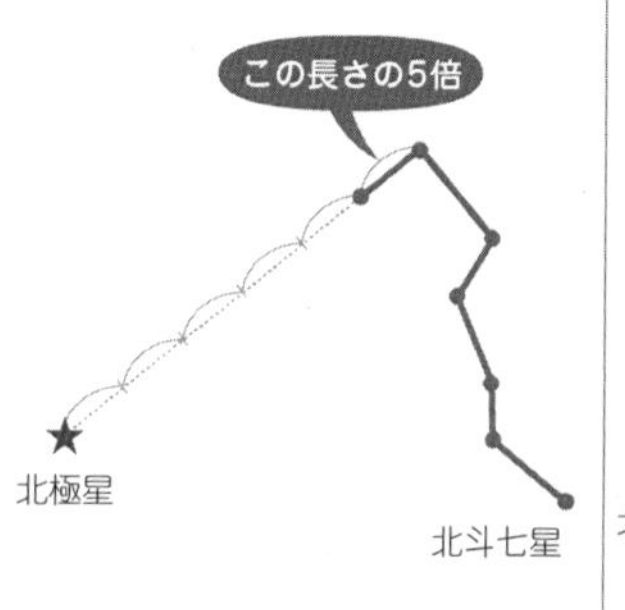

えません。しかも約四〇〇光年というとても遠いところにあるので、地球が太陽のまわりを公転してもその位置を変えないのです。北極星は真北を示す星として、昔からいろいろなところで目印にされてきました。

北極星は、北斗七星とカシオペヤ座から見つけることができます。

北斗七星は、春から初夏の北の空に見られます。七つ星をつなぐと「ひしゃく」という水をくみとる道具の形に似ています。北斗七星からひしゃくの口を結んだ線を五倍に延ばすと北極星を見つけることができます。

カシオペヤ座は、M字の形に並ぶ五つ星の星座です。十一月から一月頃の北の空に見られます。カシオペヤ座のM字を結んだ線を五倍に延ばすと北極星を見つけることができます。

実は地軸と北極星は、ほんの少しずれています。そのため、北極星はまったく動いていないわけではなく、ほんの少し動いています。一日の動きは小さな円を描いています。

東・西・南・北の夜空の星の動き

地球は地軸を中心に自転しているので、星は一日の間に動いて見えます。

地球から星までの距離は星によって大きく違いますが、実際は私たちには空に巨大な丸天井（天球）があって、そこに星が貼りついて回転しているように見えますね。

北の空では、北斗七星やカシオペヤ座の星などが北極星を中心にして、時計の針とは反対向きに回るように見えます。また、東の空から昇った星座は、南の空を過ぎた後、西の空に沈む動きを見せます。

◆東・西・南・北の夜空の星の動き

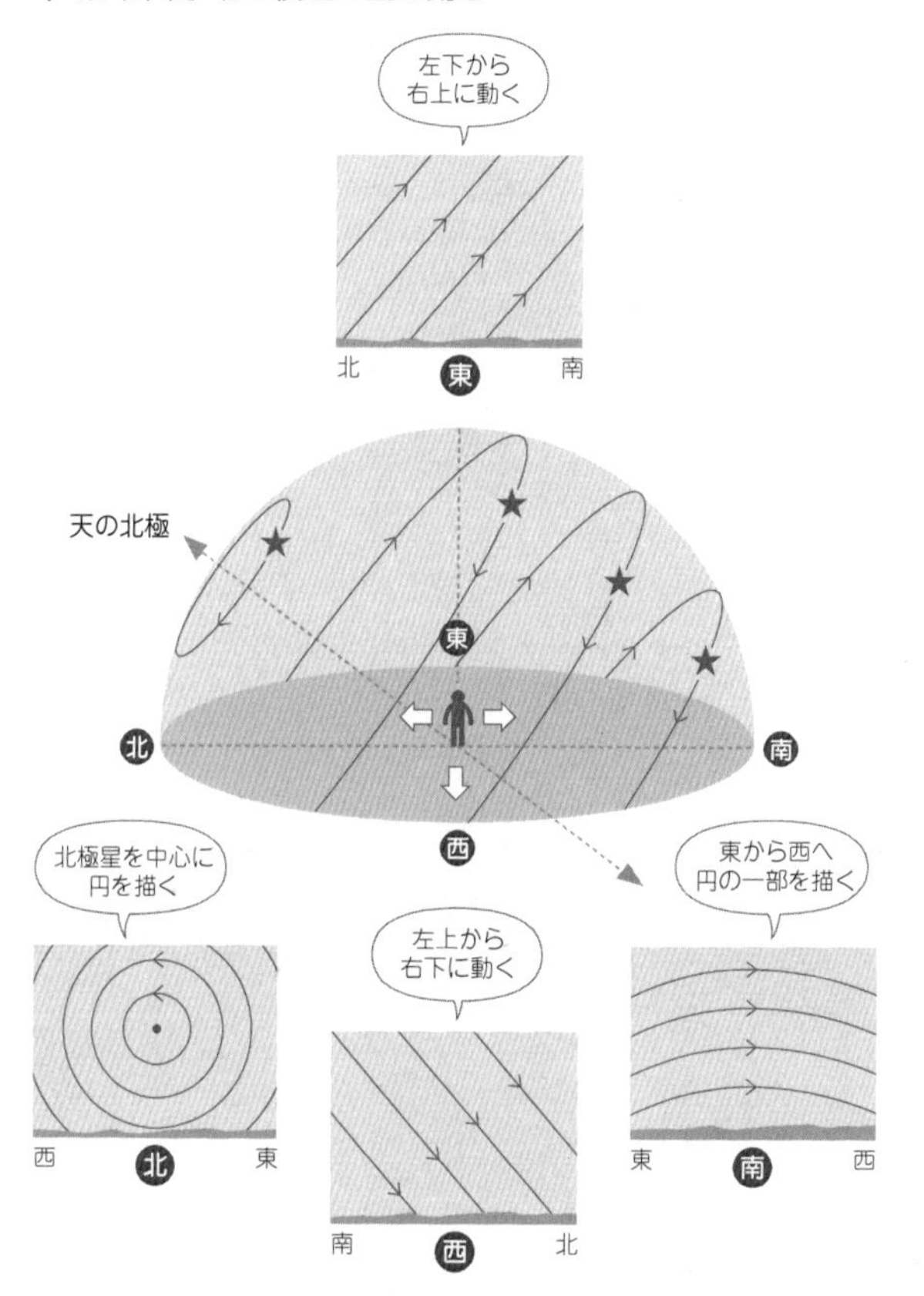

◆大ピラミッドの底の正方形の方位

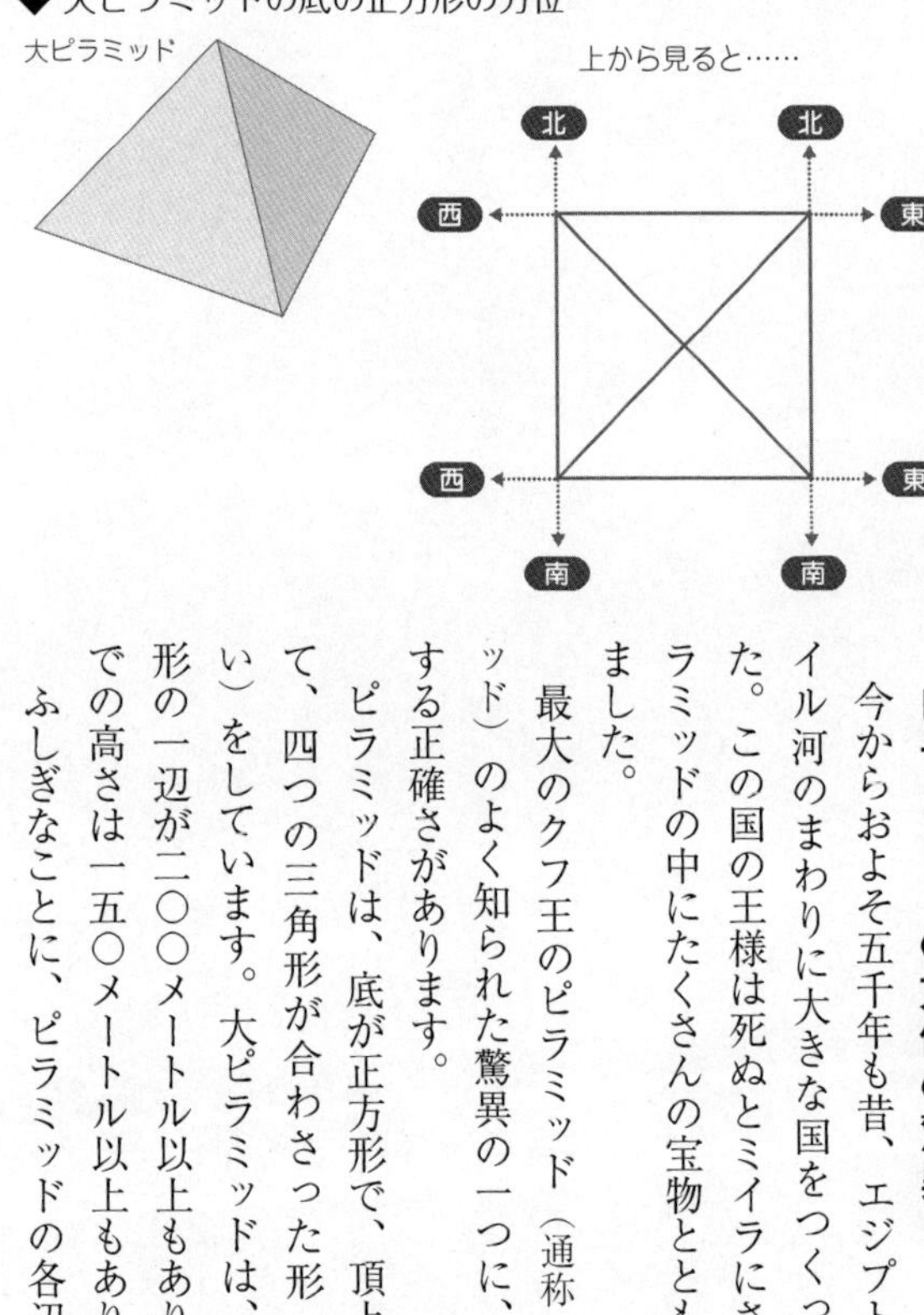

ピラミッドの方位の驚異

今からおよそ五千年も昔、エジプト人は、ナイル河のまわりに大きな国をつくっていました。この国の王様は死ぬとミイラにされて、ピラミッドの中にたくさんの宝物とともに葬られました。

最大のクフ王のピラミッド（通称・大ピラミッド）のよく知られた驚異の一つに、方位に対する正確さがあります。

ピラミッドは、底が正方形で、頂上に向かって、四つの三角形が合わさった形（正四角すい）をしています。大ピラミッドは、底の正方形の一辺が二〇〇メートル以上もあり、頂上までの高さは一五〇メートル以上もあります。

ふしぎなことに、ピラミッドの各辺を延ばすと、ぴたりと東西南北の方角を指しているのです。方位に対する誤差の平均は三分。これは一度の二十分の一、つまり〇・〇五度に過ぎません。

どのようにしてピラミッドの方位を決定したかについては諸説あるようですが、夜空の星を使って決めたというのは共通しているようです。

月の科学

太陽と月

私たちが住む地球に光を送り届けてくれている太陽。太陽からの光があるからこそ、動物も植物も生きていくことができます。もし太陽の光が来なくなったら、地球上は闇と氷と死の世界になることでしょう。

地球にいる私たちから見ると、太陽も月もほとんど同じ大きさに見えます。どちらも十円玉を三メートル離れたところから見たのと同じくらいの大きさに見えます。

太陽と月は同じ大きさなのでしょうか？

地球からは、月よりも太陽のほうがはるか遠くにあります。地球と太陽の距離（約一億五〇〇〇万キロメートル）は、地球と月の距離（約三八万キロメートル）の約四〇〇倍。そんなに離れていても同じ大きさに見えるのだから、太陽は月よりずっと大

◆太陽と月は同じ大きさ？

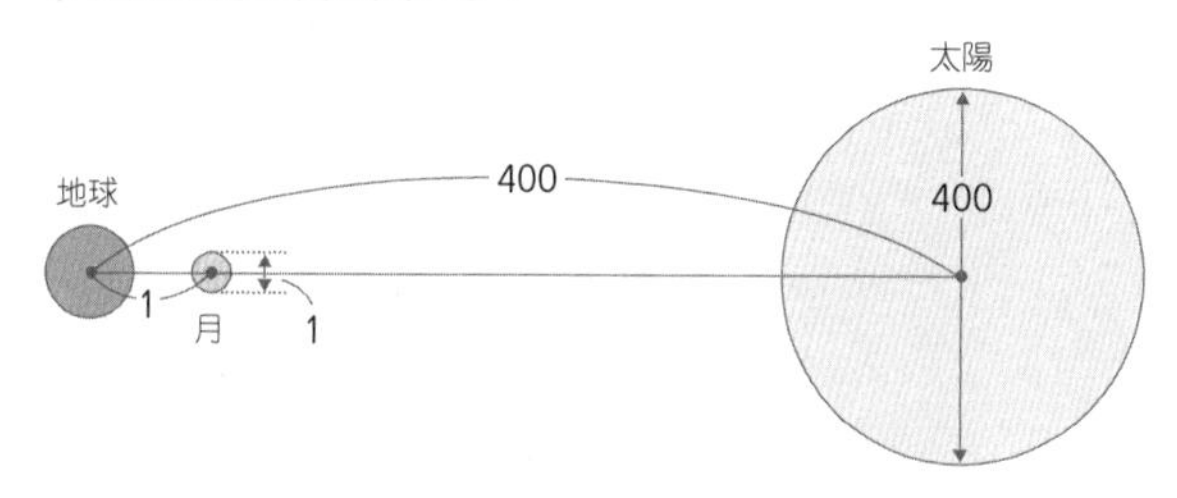

太陽の直径は、月の直径の約400倍。
地球から太陽までの距離は、月までの距離の約400倍。
だから、地球上から太陽と月の大きさが同じに見える！

きいということになります。なんと太陽は月の四〇〇倍の大きさです。

通常、光は放射状に広がりますが、地球上に降り注ぐ太陽の光が平行なのは、太陽がとても離れているからです。

太陽の大きさは、直径が約一四〇万キロメートル。これは、地球の直径（約一万三〇〇〇キロメートル）の一〇〇倍以上に当たります。体積は直径の三乗倍になるので、太陽の体積は地球の一〇〇万倍以上（より正確には約一三〇万倍）です。

地球は、太陽を中心として一つの家族のようにそのまわりに集まっている天体（太陽系）の惑星の一つです。その地球のまわりを回っている月は地球の衛星です。

◆ 地球から見える月の形（満月、半月、三日月、新月）

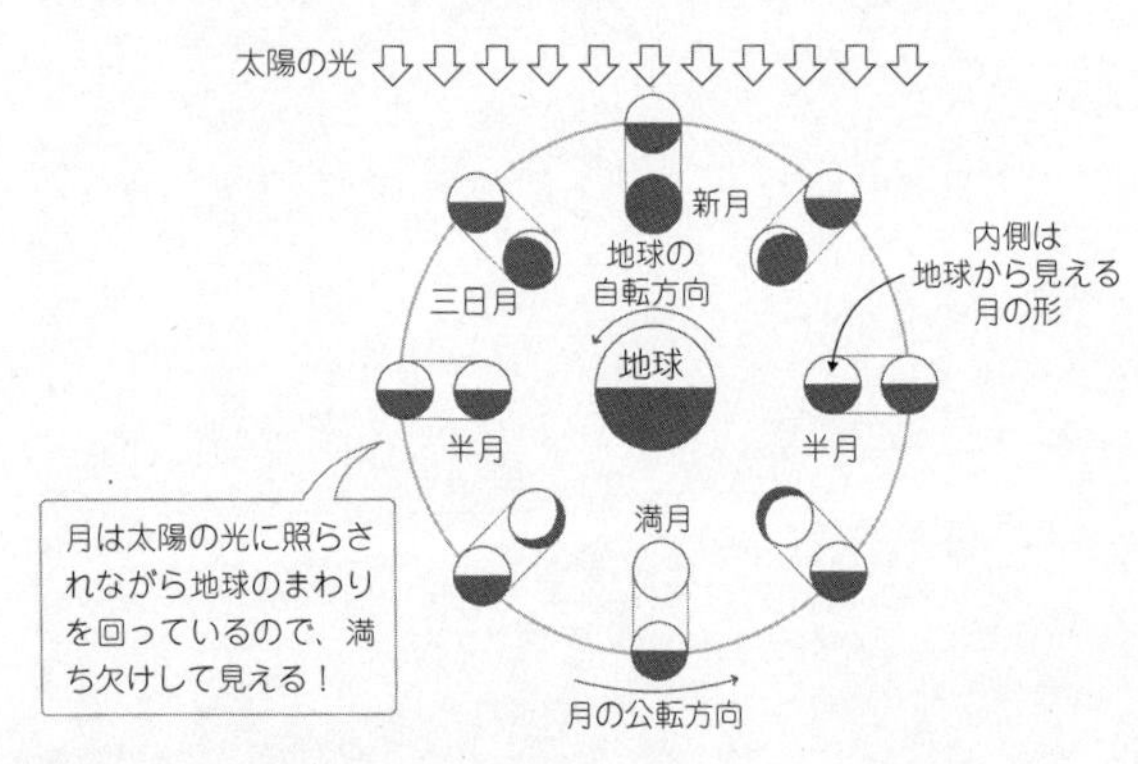

地球と月は平均して地球三〇個分が並ぶ距離だけ離れています。地球のまわりの月の通り道は真円でなく楕円（だえん）なので、一番近いときには地球二八個分、一番離れたときには地球三二個分の距離になります。

満月から新月まで

月は太陽に照らされていて、いつも半分だけが輝いています。そして、地球のまわりを一周するうちに、太陽に照らされて光っている明るい部分が、地球から見ると少しずつ角度が変わって見えます。そのために月の形が変わって見えます。

満月は月が地球に対して太陽のちょうど反対側にあるので、半球の光った部分が全部見える状態です。逆に、新月は月が太陽と同じ方角にあるので、太陽に向いている面（光った面）の反対側だけを見るので、私たちからは何も見えない状態になります。その間には半月や三日月などがあります。

月の満ち欠けの規則性

先ほど日が沈んだとします。西の空には細い三日月が光っており、太陽に続いて地平線のかなたに沈んでいきます。その後、毎夕に月を眺めることにしましょう。月は日ごとに東にずれていきます。それだけ、月が沈む時刻（月の入り）が遅くなっていきます。また、月は日ごとに太っていきます。

約一週間経つと、日が沈んだとき、月は頭の真上に出ています。形は半円形で、丸い方を西へ、まっすぐな切り口を東へ向けています（上弦の月）。

もっと日が経つと、ますます東へ移り、形もますます丸くなります。半月になってから約一週間経つと、日が沈むのと入れ替わりに、東の地平線の上に満月となって出てきます。

その後、月は西のほうが欠けてきます。満月から約一週間経つと、月は真夜中に

◆ 夕方に見える月の位置と形

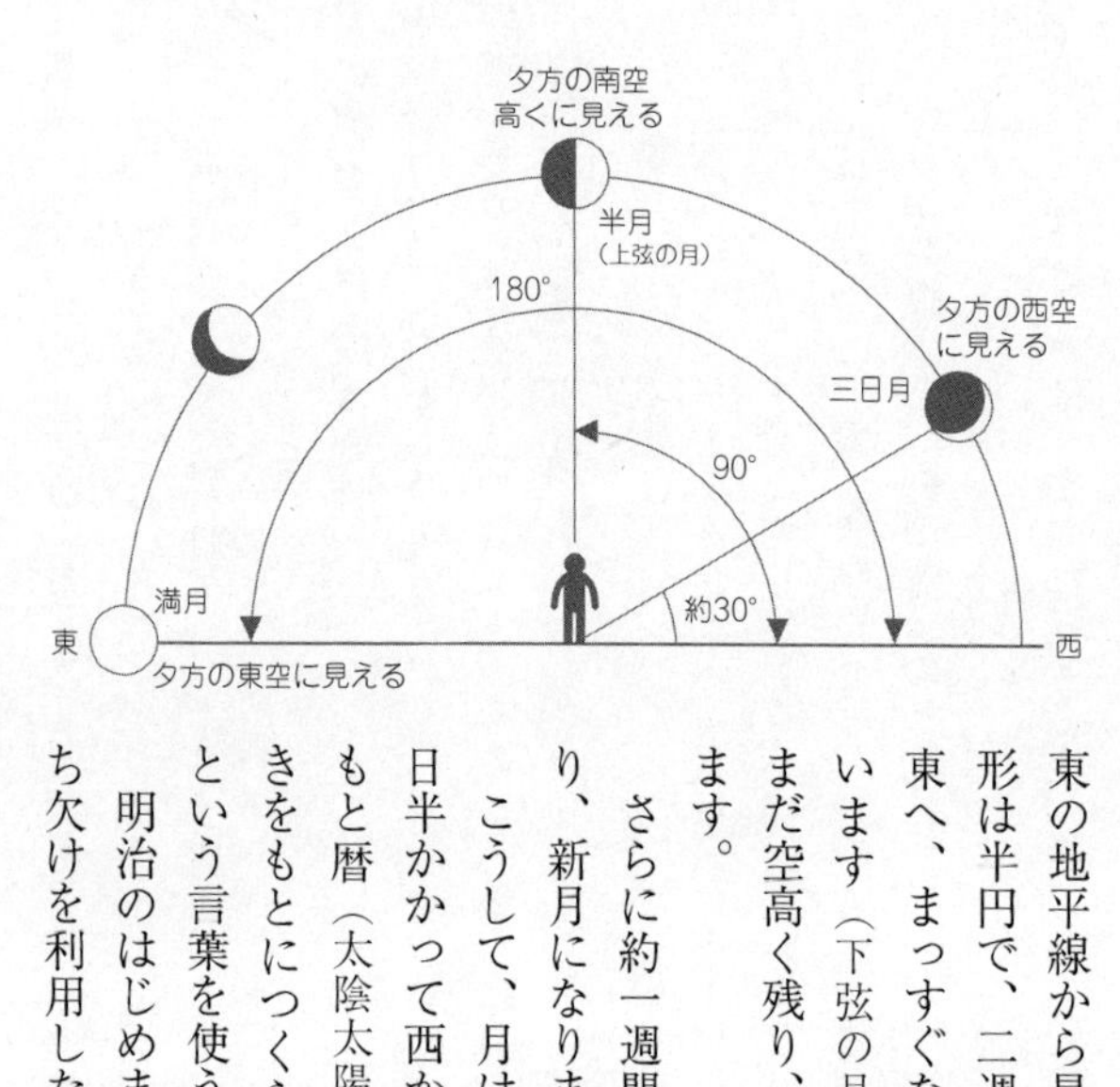

東の地平線から昇ってくるようになります。形は半円で、二週間前とは違って丸いほうを東へ、まっすぐな切り口を西のほうへ向けています（下弦の月）。この月は、明け方にもまだ空高く残り、白い半月となって見えています。

さらに約一週間が経つと、月は見えなくなり、新月になります。

こうして、月は地球のまわりを大体二十九日半かかって西から東へ一回りします。もともと暦（太陰太陽暦）は、このような月の動きをもとにつくられていたので、「年月日」という言葉を使うのです。

明治のはじめまでは、日本でもこの月の満ち欠けを利用した暦を使っていました。この

◆上弦の月と下弦の月

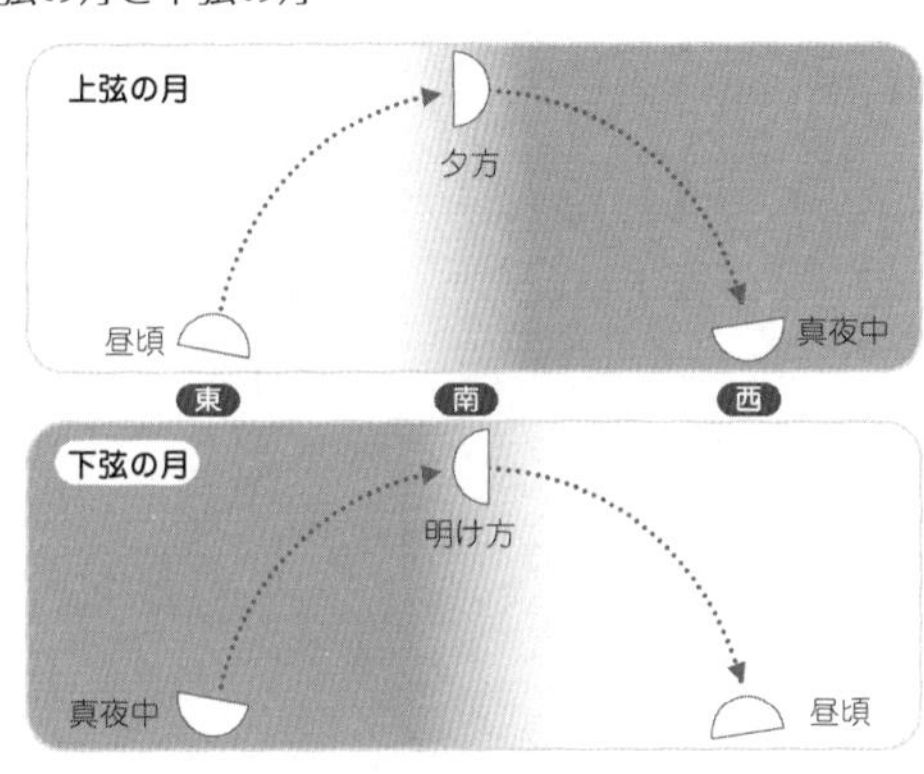

暦では、三日が三日月になり、七日前後が上弦の月、十五日が満月となります。

上弦の月と下弦の月

上弦の月は満月に向かうときの半月で、下弦の月は満月が欠けてきて新月に向かうときの半月です。普通、三日月のときはそうよばず、半月のときに使う言葉です。

この上弦の月、下弦の月は、「弓」の形をイメージしています。「弦」とは「弓」の水平なひもの部分のことです。弦楽器（バイオリンなど）の弦と同じ意味です。

半月の水平部分が上にあるから上弦の月、下にあるから下弦の月ではありません。見た目の上下ではないのです。

新月からひと月が始まり、満月を経て新月に戻ると、一カ月経つことになります。新月から満月に向かうときの半月が上弦の月、満月から欠け始めて新月に向かうときの半月が下弦の月です。

日食が起こる理由

日食は「太陽が昼間に月のように欠けていき、やがて消えてなくなり、そしてまた現れて明るくなっていく」という現象です。日食は一年に一回くらいは世界のどこかで起こっています。

地球上で考えるとわかりにくいので、ロケットに乗って宇宙に飛びだしたとしましょう。ロケットの窓からは太陽と地球が見えています。地球の太陽に向いているほうは太陽の光を受けて明るく光っています。これが「昼間」です。太陽に向いていないほうは「夜」で、暗くなっています。

この地球のまわりを月が回っています。場合によっては、月が太陽と地球の間に入ってしまうことがあります。つまり、月が太陽の光をさえぎり、地球が月の影に入ってしまうことがあります。これが「日食」です。太陽と月と地球がちょうど一

◆ 日食

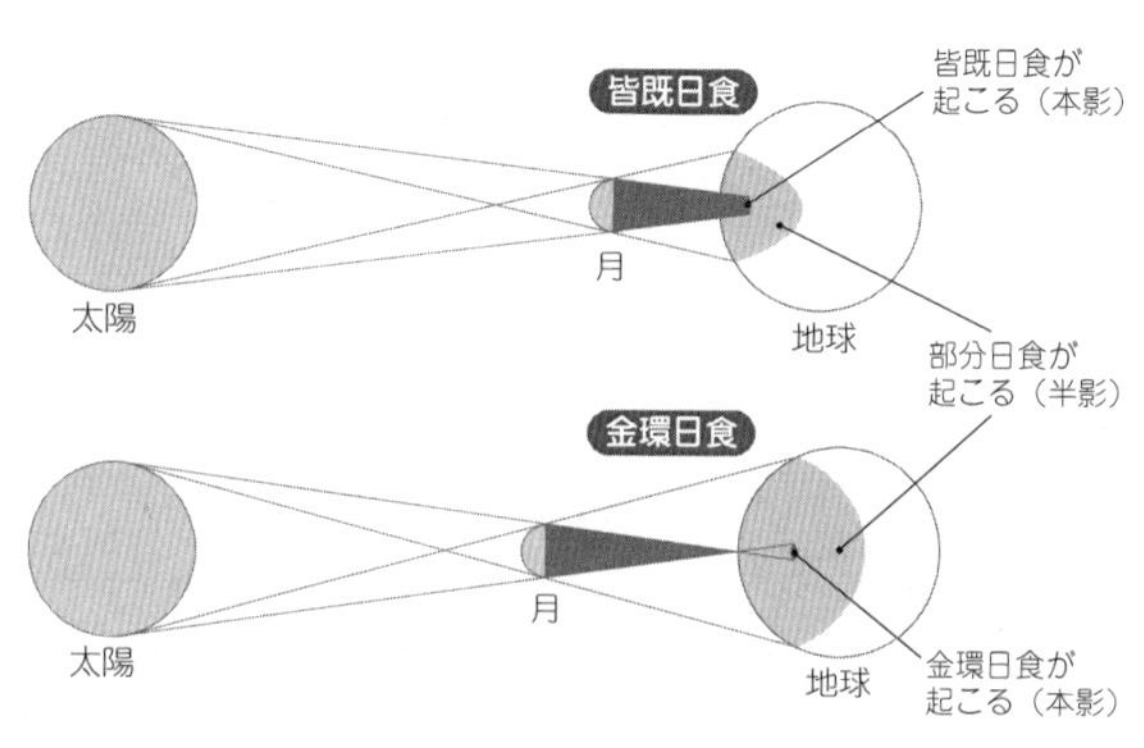

直線に並ばないとうまく影の中に入れません。

地球が太陽のまわりを回る公転軌道面（黄道）と、月が地球のまわりを回る公転軌道面（白道）は約五・一度ずれています。軌道面が重なっていればひんぱんに日食が起こるはずですが、ずれがあるので太陽－月－地球が一直線に並ぶのは、黄道と白道の交点付近を月が通過するときにしか起こりません。

地球から見た月が、太陽と同じか大きいときは皆既日食、太陽より小さいときは太陽がはみ出して金環日食になります。

月の模様

日本では月の模様は、ウサギの餅つきに見

◆ 月の模様

ウサギ

カニ

ロバ

薪を背負った人

美しい女の人

本を読むおばあさん

えるといわれています。ほかの国ではおばあさんの姿に見えたり、ロバに見えたりと、さまざまなものにたとえられています。

白黒の模様は、白い部分と黒い部分で岩石の種類が違うためにできます。

〝月の海〟とよばれる黒く見えるところは、巨大隕石の衝突でできたクレーターが、火山活動で噴出した黒い玄武岩で埋められて、平らな大地になっていると考えられています。

白く輝く部分は、白い斜長岩でできており、クレーターとよばれる大きなくぼみがたくさん見られます。月の表面には少なくても数万個以上の大小のクレーターがあり、大きなクレーターは直径二〇〇キロメートルを超えています。

満月のときはクレーターの真上から太陽の光が当たるので、どこにクレーターがあるのかが見分けにくいのですが、三日月や半月のときの欠けぎわには、斜めから太陽の光が当たるので、クレーターの影ができて輪郭がはっきりし、クレーターの様子がよくわかります。

実は地球にも隕石が衝突しています。

月には大気がないので、砂くらいの隕石でも数センチメートルのクレーターをつくりますが、地球には大気があるので、小さな隕石は大気圏で燃えつきてしまい、地面に到達できません。また月でできたクレーターは風雨などによる浸食を受けないので、いつまでも保存されます。

一九六〇～七〇年代のアポロ計画のときの月面上の足跡が、最近でも鮮明に撮影されています。地球だったら浸食を受けたり植物に覆われたりしてしまいます。

それでも、地球上では二〇〇個弱のクレーターが見つかっています。

ジャイアント・インパクト説

地球は約四十六億年前に、微惑星とよばれる無数の小天体が衝突しながら集まって誕生したと考えられています。衝突をくり返しながら次第に大きな固まりに成長し、大きな固まりはまわりの小さな固まりをさらに引きつけて大きくなります。激しく衝突する微惑星は、地表面にクレーターを残します。原始の地球には現在の月のようなクレーターがたくさんあったと考えられます。

現在、最も有力な月の誕生に関する説は、地球が生まれておよそ一億年後、火星くらいの大きさの星が地球に大衝突したという「ジャイアント・インパクト（大衝突）説」です。その衝突の衝撃で飛び散った破片が集まって月ができあがったというのです。

地球と月の違い

地球と月の大きな違いは、重力の違いです。月は重力が小さいために大気はどんどん宇宙空間に逃げていったのに対して、月より六倍も重力が大きい地球は、大気や水をがっちりと引きとめておくことができたのです。

月の表面は昼と夜で大きな温度差があり、過酷な環境です。大気や水がないので、昼間は太陽からの光で直接暖められて一二〇℃以上の温度になり、夜には宇宙に熱が逃げて（放射冷却）約マイナス一五〇℃にまで下がるのです。

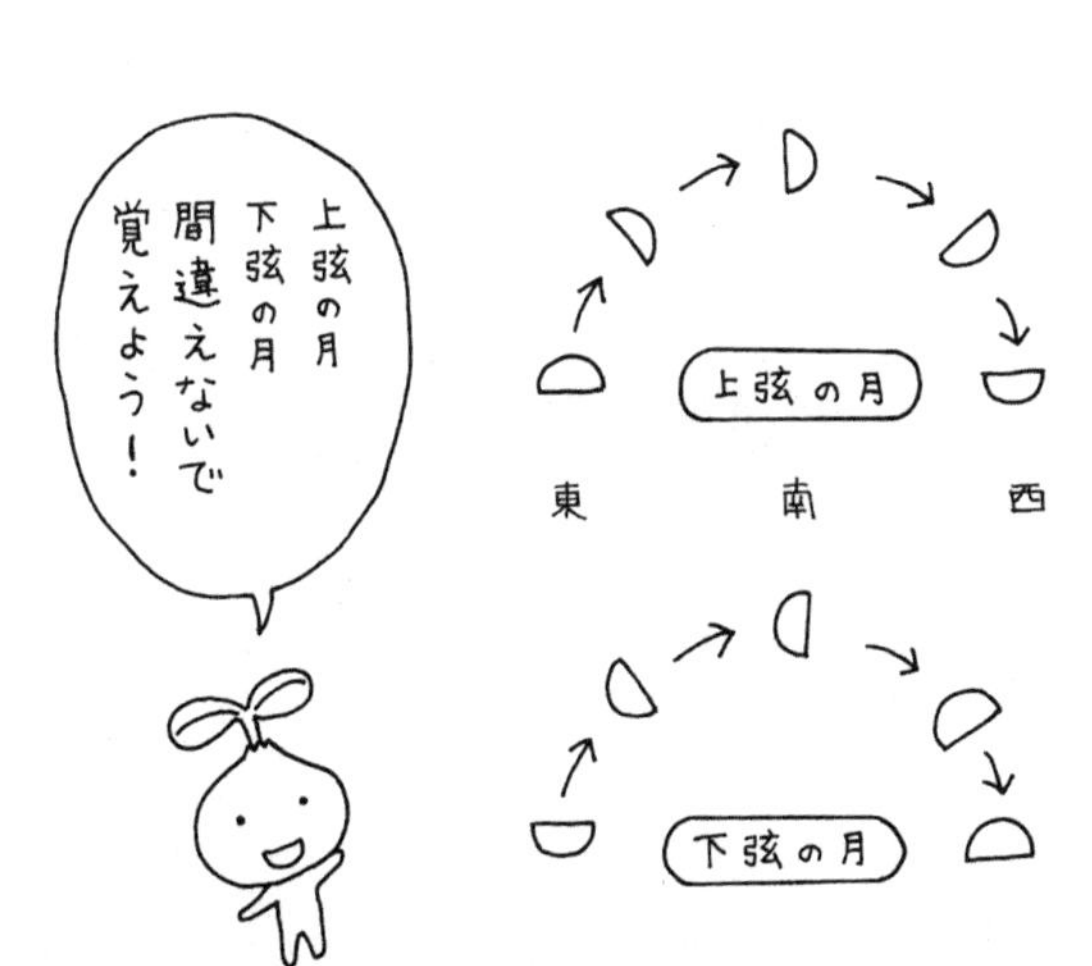

おわりに

私たちは小学校で理科を学んできました。

多くの人は、小学生の頃に理科が好きだったのではないでしょうか?

「今の小学生は、理科嫌いが増えている」などといわれたりしますが、実は「理科の学習が好き」という割合は他教科よりも高いのです。

問題なのは「理科の勉強が生活や社会の役に立つ」という設問への回答の割合になると「五七・六%」と他教科より低く、理科に対する重要性の認識が低いということです(平成十五年度小・中学校教育課程実施状況調査:国立教育政策研究所)。

そこで、現在の小学校や中学校の教育課程は、「習得」「活用」「探究」が相互に関連し合ってこそ力が伸びる、として作成されています。

ぼくは、理科で「習得」(身につけること)、「活用」(生活などで用いること)、「探究」(わからないことを探ること)が重要と聞くと「何を今さら」という感がぬぐいきれません。単なる「習得」で終わり「活用」されなければ、「習得」もされないと思うからです。知識・技能の「習得」は、「活用」があってはじめて生まれるのではないでしょうか。

読者の皆さんは、小学校理科で何を学んだかを憶えているでしょうか。あまり憶えていないとしたら、学んだ内容が抜け落ちてしまっているからです。科学の知識は、知識や技能の活用・関連づけを意識的に続けなければ、あっという間に忘れてしまいます。

そのような状況があるからこそ、私たちの誰もが一度は学んだ小学校理科をもう少し高いレベルで見直して、魅力的に語り直すことで、科学としての面白さを感じてもらえればと、ぼくは願っています。

二〇一三年七月

左巻健男

文庫版あとがき

本書は、小学校理科で学ぶようなテーマを、もう少し高いレベルでやさしく面白く展開できないか、という気持ちで執筆しました。

小学生は理科が大好きです。それなのに、小学校の先生方や保護者の方々は理科が苦手かもしれません。子どもの理科離れではなく、大人の理科離れ……。その背景には、知的好奇心あふれる子どもたちの質問に自信をもって答えられないということがあるかもしれません。

ぼくは、時々小学校によばれて小学生に理科の授業をしています。先日も四十五分授業を二時間連続で「ドライアイスで遊ぼう！」という授業をしてきました。

一九二五年、アメリカのニューヨークのドライアイス・コーポレーションという会社が、ドライアイスの大量生産を始めました。日本では、その三年後に、ドライアイスをつくる機械を導入し、つくり始めました。二酸化炭素ガスを冷やして固めたドライアイスの温度は、マイナス七九℃という低温です。下手に素手で触っていると凍傷になり、皮膚が壊死を起こし始めます。そうすると、未だ健全なところを守るために患部を切断しないといけなくなるなどの話を具体的にイメージゆたかに話をします。

「これからドライアイスの実験をするけど、凍傷に注意だよ」といいながら、各班にドライアイスのブロックを配布して、まず最初にすることはドライアイスの観察。子どもたちは恐る恐るながめています。

「では、一人ひとりに素手で手のひらにドライアイスを押しつけてみよう！」というと、悲鳴があがります。模範を示すと子どもたちがやり始めます。

ドライアイスのブロックにステンレス製のスプーンを置いたり、十円玉を垂直に押し込んだりしたときの動き、音を楽しみます。そうなる理由は熱の移動やドライアイスの昇華によるものだということを、説明したり皆で考えたりします。

砕いたドライアイスをファスナー付きポリ袋に入れて密閉し、机の上を移動させては机の面で温めます。するとぱんぱんにふくらんだ袋が音を立てて破裂します。こうして大きな体積変化を実感します。

こんな実験をしながら、低温の世界や状態変化を学んでいきます。

きっと、学ぶということは、それまでに知らなかった新しい世界を知ることなのです。学んだからこそ疑問が生じるのです。それらの疑問にいつもちゃんと答えられなくても、一緒に考えてみるという姿勢だけでもいいのです。よい疑問を持ち続けているだけでも素晴らしいのです。どこかでその疑問の答えが見つかることもあります。答えが見つからなくても、あるいは疑問を忘れてしまっても、疑問を持つ習慣は絶対に人生に役立つと思うのです。

ぼくのメインの専門は、小学校・中学校・高等学校の理科教育ですが、学校の理科で、「学んでよかった」「目からウロコが落ちることを学べた」「よい疑問を持ち続けることができた」という実感を持つ人はどの程度いるでしょうか。ぼくはそんな理科教育になるといいなと思いながら、研究してきたつもりです。

学校を英語でｓｃｈｏｏｌといいますが、もともとはどんな意味だったのでしょうか。実はスコレ（σχολη）というギリシャ語が語源です。ギリシャ語のスコレは、「余暇、余った時間」という意味です。

古代ギリシャでは、貴族階級の者は奴隷に労働させていましたから、彼らにはたっぷりと時間がありました。生活の中で身のまわりや夜空の星などに不思議な現象があると、誰かにそれを伝えようとしました。そうすると、その話をもとに議論が始まります。貴族階級の者にとって楽しい知的な時間が共有できたのです。この余裕の時間こそがスコレだったのです。スコレはやがて、このような会話をする場所、つまり学校のことを表す意味にもなりました。

本書のテーマを小学校理科から選んだとき、本書のような内容も小学校の理科授業で学ぶことができればいいのにという願いを込めたつもりです。

二〇一六年七月

左巻健男

参考文献

J・A・L・シング／中野善達・清水知子訳『狼に育てられた子』福村出版　一九七七年
B・ベッテルハイム他／中野善達編訳『野性児と自閉症児』福村出版　一九七八年
小原秀雄『人〔ヒト〕に成る』大月書店　一九八五年
左巻健男・左巻恵美子『大人のやりなおし中学生物』SBクリエイティブ〈サイエンス・アイ新書〉二〇一一年
左巻健男『小学校で習う理科が6時間でわかる本』明日香出版社　一九九四年
左巻健男（編集長）『理科の探検（RikaTan）』誌各号

＊原稿について、左巻恵美子さんに意見をいただきました。

著者紹介

左巻健男（さまき・たけお）
法政大学教職課程センター教授。1949年生まれ。栃木県出身。千葉大学教育学部卒業。東京学芸大学大学院修士課程修了（物理化学・科学教育）。中学・高校の教諭を26年間務めた後、京都工芸繊維大学アドミッションセンター教授を経て2004年から同志社女子大学教授。2008年より法政大学生命科学部環境応用化学科教授。2014年より現職。『面白くて眠れなくなる物理』『面白くて眠れなくなる化学』『面白くて眠れなくなる地学』『よくわかる元素図鑑』（以上、ＰＨＰエディターズ・グループ）、『頭がよくなる１分実験［物理の基本］』（ＰＨＰサイエンス・ワールド新書）、『大人のやりなおし中学化学』（ＳＢクリエイティブ）、『新しい高校化学の教科書』『新しい高校物理の教科書』（以上、講談社ブルーバックス）、『水はなんにも知らないよ』（ディスカヴァー携書）など編著書多数。

この作品は、2013年８月にＰＨＰエディターズ・グループより
刊行された。

PHP文庫　面白くて眠れなくなる理科

2016年8月15日　第1版第1刷
2022年10月20日　第1版第6刷

著者　左巻健男
発行者　永田貴之
発行所　株式会社PHP研究所
東京本部　〒135-8137　江東区豊洲5-6-52
ビジネス・教養出版部　☎03-3520-9617(編集)
普及部　☎03-3520-9630(販売)
京都本部　〒601-8411　京都市南区西九条北ノ内町11

PHP INTERFACE　https://www.php.co.jp/

制作協力
組版　株式会社PHPエディターズ・グループ

印刷所
製本所　大日本印刷株式会社

 ISBN978-4-569-76594-5

PHPの本

面白くて眠れなくなる人体

坂井建雄 著

知れば知るほどミステリアスな人体のはなし。身近な疑問を入り口に、人体のふしぎ・奥深さがわかる一冊。

面白くて眠れなくなる素粒子

竹内 薫 著

読みだしたら夢中になる素粒子のはなし。
ヒッグス粒子、クォーク、超ひも理論が、
ぐんぐんわかる。

PHPの本

面白くて眠れなくなる遺伝子

竹内 薫／丸山篤史 著

iPS細胞、DNA、ヒトゲノム、遺伝子組み換え食物、クローン動物など、遺伝子のふしぎがわかる一冊。

面白くて眠れなくなる生物学

長谷川英祐 著

世にもエレガントな生命のはなし。ヒトもミツバチも鬱になる、メスとオスがあるのはなぜ？　など読みだしたらとまらないエピソードが満載。

PHPの本

面白くて眠れなくなる数学

桜井 進 著

数学は、眠れなくなるくらいに面白い！
文系の人でも楽しめる、ロマンとわくわく
に満ちた数学エンターテインメントの世界
へようこそ。

面白くて眠れなくなる人類進化

左巻健男 著

ヒトの体と心がどのような生物に起源をもち進化してきたかを様々なエピソードで紹介。太古の生物からヒトへ続くドラマチックな進化の話。

PHPの本

面白くて眠れなくなる化学

左巻健男 著

水を飲み過ぎるとどうなる？ 爆発を化学する、「温泉」をめぐるウソ・ホントなど、身近な話題を入り口に楽しく化学がわかる一冊。

面白くて眠れなくなる地学

左巻健男 編著

大陸、火山、大気、外洋から宇宙まで。本書は、身近な話題を入り口に楽しく地学（地球科学）がわかるようになる一冊。

PHP文庫

面白くて眠れなくなる物理

左巻健男 著

透明人間は実在できる？ 空気の重さはどれくらい？ 氷が手にくっつくのはなぜ？ 身近な話題を入り口に楽しく物理がわかる一冊。